Anthony Burton
Als die Lokomotiven laufen lernten

Anthony Burton

Als die Lokomotiven laufen lernten

Herbig

Aus dem Englischen übersetzt von Götz Ferdinand Kreibl

Titel der englischen Originalausgabe: *The Rainhill Story*

Originalausgabe:
© 1980 Anthony Burton
Published by the British Broadcasting Corporation, London

Für die deutsche Ausgabe:
© 1981 F. A. Herbig Verlagsbuchhandlung, München · Berlin
Alle Rechte vorbehalten
Umschlaggestaltung: Christel Aumann, München, unter Verwendung eines
Fotos von Clive Coote: Die nachgebaute »Rocket«
Satz: Fink GmbH, München
Druck: Jos. C. Huber, Dießen am Ammersee
Printed in Germany
ISBN: 3-7766-1115-4

Inhalt

1. KAPITEL

Die Anfänge

Am Montag, dem 5. Oktober 1829, erlebte das Städtchen Rainhill in Lancashire den ersten einer Reihe von ruhmvollen Tagen. Menschenmengen strömten aus allen Teilen des Landes herbei. »Niemals«, so schrieb der *Liverpool Curier,* »sind so viele Spitzenleute aus Wissenschaft und Technik auf kleinstem Raum zusammengewesen.« Sie hatten gute Gründe für ihre Anwesenheit. Aber um wirklich etwas zu sehen, mußten sie sich durch die Menschenmassen hindurchschieben und -drängen. Neugierige waren da, Junge, Alte, einfache Leute und die elegante Welt. Nichts dergleichen war jemals vorher gesehen worden. Die Menge wogte aufgeregt und voller Erwartung, wie vor dem klassischen Start in Epsom, von Vorfreude auf ein spannendes Rennen erfüllt. Tatsächlich gab es Gemeinsamkeiten zwischen hier und Epsom. Auch hier in Rainhill sollte ein Ausscheidungskampf stattfinden, doch einer mit weit bedeutsameren Folgen als denen des größten Pferderennens. Die Entscheidung ging um nichts Geringeres als um die Zukunft der Dampflokomotive im Verkehrswesen. So war es nicht überraschend, daß sich berühmte Ingenieure um den Favoriten drängten wie Spieler um den Ball. Ebensowenig überraschte es, daß sich Menschen aller Schichten und Typen eingefunden hatten, um einen ersten Anblick dieses außergewöhnlichen Wunders aus dem neuen technischen Zeitalter zu erhaschen.

Wahrscheinlich waren nur wenige aus der Menge imstande, die Bedeutung des Ereignisses einzuschätzen – alle aber waren in den allgemeinen Taumel hineingerissen.

Was alles hatte sich ereignet, bevor es zu dieser bemerkenswerten Wettfahrt der Lokomotiven kam? Das ist eine Geschichte, die weit in die Vergangenheit zurückreicht, bis zu den Anfängen des Schienenwesens überhaupt. Man kann die Benützung von Schienen im Transportwesen in England mindestens bis ins sechzehnte Jahrhundert zurückverfolgen. Die Art und Weise, wie man sie zuerst verwendete, war bedeutsam, legte sie doch die weitere Verwendung für die nächsten zwei Jahrhunderte fest. Die ersten Schienenwege wurden angelegt, um Kohlenbergwerke mit schiffbaren Flüssen zu verbinden: Broseley mit dem Severn und Wollaton mit dem Trent. Die Schienen waren aus Holz, und die beladenen Loren fuhren, vom eigenen Gewicht bewegt, zum Fluß hinunter. Die leeren Loren wurden dann von Pferden wieder den Berg hinaufgeschleppt. Die Erfindung gelangte sehr schnell zu den großen Kohlenlagern im Nordosten. Hier war dieses System ideal anwendbar. Der Hauptabnehmer von Kohle war London; und

Eine Bergwerks-Straßenbahn. Während die Fahrt bergab geht, trottet das Pferd hinterher, um später die leeren Loren wieder hinaufzuziehen.

Ein Brief von Thomas Newcomen, in dem er sich über den Bertrieb seiner Dampfmaschinen in Holland ausläßt.

so bildeten sich nie endende Prozessionen von Lastkähnen, die den Wasserweg zwischen den Flüssen Tyne und Wear im Norden und der Themse im Süden befuhren. Rasch entwickelte sich ein dichtes Netz solcher Schienenwege, die Kohlenbergwerke mit Flüssen verbanden. Allmählich bedienten sich auch andere Industrien dieses Systems, und im 18. Jahrhundert schloß man das Netz an neu gebaute Kanäle an. Vor allem im Nordosten war dieses System verbreitet. Im Nordosten traten denn auch bedeutende Weiterentwicklungen auf. Die ersten Veränderungen betrafen die Gleise: hölzerne Schienen wurden durch solche aus Eisen ersetzt. Die ersten eisernen Schienen führte man 1760 in Coalbrookdale in Shropshire ein. Es gab zwei Grundtypen: die L-förmige Schiene, bei der die Räder der Wagen durch den vertikalen Steg des L in ihrer Bahn gehalten wurden; und die oben flache Schiene, auf der Räder mit Spurkranz rollten. Beide Typen von Gleisen hatten ihre Befürworter, und beide blieben lange Zeit in Gebrauch. – Ein anderer wichtiger Fortschritt ergab sich, als man Eisen statt Holz für die Wagenräder verwendete. Doch dauerte es bis ins letzte Jahrzehnt des 18. Jahrhunderts, ehe das System von Rädern und Schienen perfekt war und es möglich wurde, daß Dampfmaschinen auf den eisernen Schienen fuhren. Wie die ersten Gleise, so wurden auch die ersten Dampfmaschinen im Bereich der Bergwerke Englands entwickelt. Gegen Ende des 17. Jahrhunderts sahen sich die Grubeningenieure in verstärktem Maße mit dem Problem konfrontiert, Grundwasser aus tieferen Minen heraufzupumpen. Die ersten Schritte zu einer Lösung wurden 1712 getan, als Thomas Newcomen einen Apparat baute, den seine Zeitgenossen eine »Feuermaschine« nannten. Es war eine Maschine, die Wasser aus einer Grube bei Dudley Castle heraufpumpte. Diese Maschine bestand aus einem schweren Balken, der in der Mitte drehbar gelagert war. An seinem einen Ende waren Pumpenstangen angebracht, die infolge ihrer Schwere in die Tiefe des Bohrloches sanken und den Balken aus der Horizontalen in eine Schräglage brachten. Um die Stangen wieder hinaufzuziehen und damit die Pumpwirkung zu erzielen, mußte am anderen Ende des Balkens eine Gegenkraft angreifen. Diese Kraft wurde durch einen Kolben erzeugt, der sich in einem oben offenen Zylinder bewegte.

Newcomens Pumpmaschine, die 1712 ihre Arbeit in den Kohlengruben bei Dudley aufnahm.

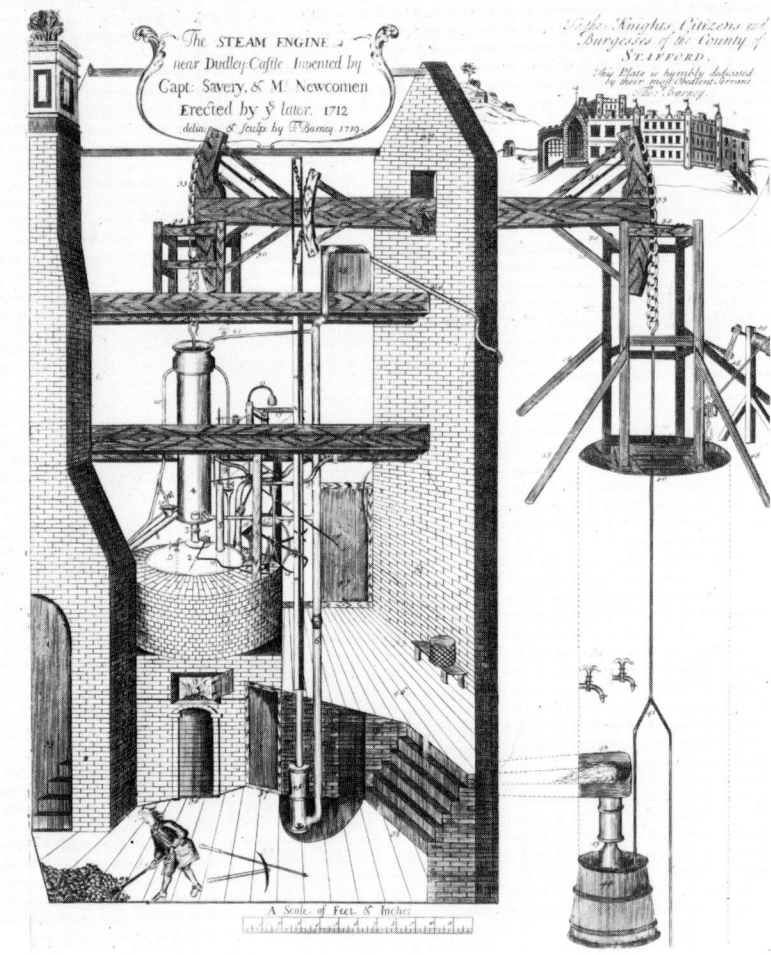

9

Aus einem kleinen Kessel strömte niedrig gespannter Dampf in den Zylinder unterhalb des Kolbens. Durch Einsprühen von kaltem Wasser in den Zylinder kondensierte der Dampf und es bildete sich unterhalb des Kolbens ein partielles Vakuum. Der über dem Kolben lastende atmosphärische Druck preßte den Kolben nach unten, so daß die Pumpstangen emporgezogen wurden.

Sobald oberhalb und unterhalb des Kolbens Druckausgleich erfolgt war, zog das Eigengewicht der Pumpstangen diese wieder nach unten und den Kolben im Zylinder am anderen Balkenende nach oben. Der ganze Prozeß wiederholte sich. Der Balken schwang auf und ab. Die Stangen hoben und senkten sich. Es war eine riesige, unförmige Maschine. Auf den ersten Blick hätte man gedacht, daß sie wenig zum Problem der Beförderung von Lasten beitragen könnte. Aber das änderte sich, als man die Maschine Newcomens verbesserte.

Der Hauptnachteil von Newcomens Maschinen lag in ihrem erstaunlichen Appetit auf Brennstoff, der sich aus der wiederholten Erhitzung und Kühlung des Zylinders ergab. James Watt stellte das ab, indem er einen eigenen Kondensator baute. Jetzt konnte man den Zylinder verschließen und ständig heiß halten. Dampf – anstelle von Luftdruck – bewegte den Kolben. Diese Änderung war entscheidend. Da der Zylinder geschlossen war, konnte man Ventile anbringen, durch die der Dampf zu beiden Seiten des Kolbens abwechselnd einströmen konnte und diesen in die gewünschte Richtung bewegte. Nicht länger mußte man jetzt das Gewicht der Pumpenstangen benützen, um den Balken am anderen Ende zu heben. Ja, es war sogar möglich, die Pumpenstangen überhaupt zu entfernen und sie durch einen Auslegearm mit Kurbel zu ersetzen. Auf diese Weise hatte man eine Maschine, die ein Rad drehen konnte. Die Maschine, die Watt und sein Partner Matthew Boulton entwickelten, war zwar noch recht schwer, doch war sie in der Lage, eine Aufgabe im Verkehrswesen zu übernehmen: Die Pumpmaschine wurde zu einer Zugmaschine umgewandelt.

So dauerte es nicht lange, bis die Balkenmaschinen überall neben den Gleisen installiert wurden. Viele der ersten Strecken enthielten sehr steile Gefälle oder Steigungen, über die die Loren fahren mußten, hinab und hinauf. Ließ man eine dieser Balkenmaschinen eine Trommel drehen, um die herum man ein Kabel, eine Kette oder ein Seil wickelte, so konnte man die Loren heranziehen und eine Steigung hinaufschleppen. Man hatte so tatsächlich schon eine Dampfeisenbahn, aber eine, bei der sich lediglich die Loren

10

Eine Boulton und Watt Pumpmachine, erbaut für die Schiffahrt auf dem Birmingham Kanal 1777.

bewegten, während die Maschine selbst feststand, schwer und unbeweglich. Diese Maschinen arbeiteten vorzüglich und zuverlässig über Jahrzehnte hinweg. Sie sollten, weiterentwickelt, eine Hauptrolle in dem Drama von Rainhill spielen.

Wenn man einmal erkannt hat, daß Dampf einen Kolben vor und zurück bewegen und daß man den Kolben über eine Verbindungsstange und Kurbel mit einem Rad koppeln kann, dann liegt es nahe, die Maschine auf Räder zu heben und sie sich selbst bewegen zu lassen. In der Praxis war das indessen nicht so einfach. Denn zunächst einmal waren die frühen Balkenmaschinen groß und wurden im Lauf der Zeit eher größer als kleiner. Die Balken wurden schwerer, die Zylinder erhielten immer größere Durchmesser, bis zu drei Metern und mehr.

Das waren nicht eben die Apparate, die über eiserne Schienen rollen konnten. James Watt glaubte fest an die Methode, den Dampfdruck niedrig zu halten und die Leistung seiner Maschinen durch Vergrößerung zu verbes-

11

sern – und James Watt hatte ein Patent, welches erst 1800 erlosch. Es war so umfassend, daß es jede andere Entwicklung der Dampfmaschine verhinderte. Als jedoch schließlich das Jahr 1800 herankam, standen die Wege offen, und eine neue Generation von Ingenieuren stürmte mit Plänen und Ideen vorwärts.

Viele der neuen Ideen kamen aus dem Südwesten Englands. Die Leute in den Zinn- und Kupferminen von Devon und Cornwall hatten die Maschinen von Boulton und Watt mit Freuden begrüßt. Die Minen lagen tief unter der Erde und es waren keine Kohlenlager in der Nähe. Insofern war Energie ein Hauptposten in ihren Budgets, und die Ersparnisse, die die neuen Maschinen brachten, waren beträchtlich. Aber im Lauf der Zeit wich die Begeisterung der Enttäuschung. Die Leute wurden ärgerlich wegen der Gebühren, die sie für die Benutzung der Maschinen von Boulton und Watt zahlen mußten. Außerdem hinderte sie deren Patent daran, ihre eigenen Ideen zu verwirklichen. Aber das Jahr 1800 kam schließlich doch. Unter denen, die

Grubenausgang im St. Hilda Bergwerk, Wallsend. Eine Szene, wie sie für das frühe neunzehnte Jarhundert typisch ist, mit einer Dampf-Fördermaschine und mit Kohlen beladenen Loren.

12

jetzt allen anderen voraneilten, war ein Mann aus Cornwall, Richard Trevithick, der ein neues Kapitel in der Geschichte des Eisenbahnwesens aufschlagen sollte.

Es hatte schon früher – allerdings erfolglose – Versuche gegeben, ein dampfgetriebenes Gefährt zu bauen: den Versuch des Franzosen Nicolas Cugnot (1769) und den von William Murdock, ebenfalls aus Cornwall (1785). Dieser Mann war eines der Opfer des Patents von Boulton und Watt. Trevithick wandte seine Aufmerksamkeit einem Problem zu, das abseits von seinem eigentlichen Interesse lag: der Konstruktion von Hochdruckmaschinen für die Gruben. Aber zunächst baute er seine erste Pumpmaschine, sogleich, nachdem das Patent von Watt erloschen war. Im folgenden Jahr entwickelte er sein Straßengefährt. Es hatte nur einen aufrecht stehenden Zylinder, der in einen Kessel eintauchte. Der Antrieb wurde auf die Hinterräder übertragen mittels eines Kreuzkopfes mit Gleitbahnen und einer Verbindungsstange zu den Rädern. Man stellte das Gefährt auf die

Dampflokpionier R. Trevithick.

Nicolas Cugnots dampfgetriebenes Straßenfahrzeug von 1769.

Trevithicks erstes primitives Straßenfahrzeug, erbaut etwa 1800.

Straße und ließ es probefahren. Mit zwölf bis fünfzehn Stundenkilometern fauchte es vorbei.

Das Ende der ersten erfolgreichen Fahrt war nur zu typisch für Trevithicks Laufbahn. Er und seine Freunde zogen das neue Fahrzeug von der Straße und stellten es vor dem Wirtshaus auf, in dem sie ihren technichen Triumph feierten. Sie feierten zu lange. Das Feuer brannte weiter, der Kessel kochte trocken und die herrliche Maschine explodierte. Trevithick war, wie so viele andere, ein brillanter Erfinder, dem jedoch die Ausdauer für sorgfältige Entwicklung fehlte. Ihm war die Entdeckung selbst wichtig; das weitere langweilte ihn eher.

Bei diesem ersten Straßengefährt wandte er eine Vorrichtung an, durch die der aus dem Zylinder ausgelasssene Dampf in den Schornstein blies und so ein auf das Feuer wirkender Zug entstand. 1802 meldete er ein Patent für »Verbesserungen in der Konstruktion von Dampfmaschinen« an, das sowohl stationäre Maschinen als auch seine »Straßenfahrzeuge« umfaßte. Aber es enthielt diesen speziellen Begriff »Straßenfahrzeuge« nicht. Hätte Trevithick seine Idee mit den »Straßenfahrzeugen« patentieren lassen, so hätte er sein Glück gemacht. Seine Geschichte steht in bemerkenswertem Gegensatz zu der von Watt, einem der sehr wenigen großen Erfinder der industriellen Revolution, der tatsächlich von seinen eigenen Erfindungen profitierte. Dies geschah vor allem deshalb, weil er schon sehr bald sein erfinderisches Genie mit den unternehmerischen Fähigkeiten seines Partners Matthew Boulton verband. Trevithick begegnete seinem Boulton niemals.

Trevithick setzte seine Versuche fort. 1802 baute er eine Pumpmaschine für die berühmten Darby Eisenwerke in der Nähe von Coalbrookdale. Sie brach die Bresche für den Typus der Hochdruckmaschinen. Wo Watt sich mit einem Dampfdruck zufriedengegeben hatte, der nur wenig über dem der atmosphärischen Luft lag, arbeitete Trevithicks Maschine mit einem Dampfdruck von etwa 10 Kilo pro Quadratzentimeter (ungefähr zehnmal Atmosphärendruck). Der Kessel war aus Gußeisen und seine Wandung fast vier Zentimeter dick; was aber den Betrachter am meisten beeindruckte, war die Abmessung des Zylinders: nur 17,5 Zentimeter Innen-Durchmesser. Mit diesen Verbesserungen konnte die Maschine schwere Arbeiten verrichten. Die Aussichten für den Bau einer Lokomotive stiegen. Während des Jahres 1803 arbeitete Trevithick daran, seine Hochdruckmaschine zu verbessern. Er baute eine Lokomotive, die bei Coalbrookdale lief. Man

14

weiß sehr wenig über diese Maschine, doch war sie wohl die erste Dampf-
maschine, die auf Schienen lief. Im folgenden Jahr fand ein berühmter Pro-
belauf dieser Dampflokomotive in Penydarren, Süd-Wales, statt.
Samuel Homfray, ein Hüttenmeister aus Süd-Wales, war einer der ersten
Helfer Trevithicks, und zwar in mehr als einer Hinsicht. Er beteiligte sich an
Trevithicks Patent und schloß eine Wette mit einem Freund ab, daß eine
Lokomotive auf Rädern mit glatten Laufflächen eine Last über glatte Schie-
nen ziehen könnte.
Das frühe neunzehnte Jahrhundert hatte die Gesetze der Reibung zwischen
Rad und Schiene noch nicht voll begriffen. Daher erwarteten durchschnitt-
lich gebildete Menschen, daß bei diesem Versuch eine Anzahl von Eisenrä-
dern sinnlos auf den eisernen Schienen durchdrehen würde. Dies war jedenfalls die Ansicht von Homfrays Gegner, der seine Meinung mit dem
Einsatz von 500 Guineen bekräftigte. Um die Wette zu gewinnen, mußte
Trevithick eine Maschine vorführen, die eine Last von zehn Tonnen über
die fünfzehn Kilometer langen Gleise zog, welche die Eisenwerke in Me-
thyr Tydfil mit dem Abercynon-Kanal verbanden.
Das Ergebnis des Versuchs war ein Erfolg für die Dampflokomotive mit eisernen Rädern auf eisernen Schienen, der weithin bekannt wurde. »Sie
arbeitet außerordentlich gut«, schrieb Trevithick an seinen Freund Davis
Giddy, »und läßt sich viel besser handhaben als Pferde.« Die Wette war glatt
gewonnen. Im selben Brief ließ Trevithick erkennen, daß er sich der Vorteile des Gebläses, welches der in den Schornstein ausgestoßene Dampf bildete, sehr wohl bewußt war: »Das Feuer brennt weit besser, wenn der Dampf
in den Schornstein ausgeblasen wird, als ohne diese Blaswirkung.« Aber
immer noch ließ er seine Erfindung nicht patentieren.
Leider war der Erfolg der Probefahrt von Penydarren doch nicht vollständig. Sicher, die Fahrt war vonstatten gegangen und hatte bewiesen, daß eiserne Räder auf eisernen Schienen griffen. Jedoch litten die gußeisernen
Schienen bei der ganzen Prozedur enormen Schaden, manche bekamen
Risse und brachen. Die Fahrt gab auch ein kleines Rätsel auf. Wie würde
der lange Schornstein der Lokomotive unter den niedrigen Brücken der
Strecke von Penydarren hindurchkommen? Die Probe aufs Exempel wurde
allerdings nie gemacht. Trevithick wurde keineswegs mit Nachfragen nach
seinem technischen Wunderwerk überschüttet. Er bekam eine einzige Bestellung für eine Lokomotive, von der Wylam Kohlenzeche im Nordwesten.
Die Maschine wurde ordnungsgemäß in Gateshead von John Whinfield,

Trevithicks Beauftragtem, hergestellt. Aber sie lief, leider, niemals auf Schienen. Sie erlitt das schändliche Schicksal, daß man ihr die Räder abmontierte, bevor man sie im Kohlenbergwerk in Betrieb nahm – als gewöhnliche stationäre Maschine.

Trevithick machte erneut einen Versuch, die Welt in großem Stil mit seinem Genie zu beeindrucken. Einige Beobachter hatten das Experiment in Penydarren längst als eine frivole Wette abgetan, ohne Bedeutung für die ernste Welt des Geschäftes. Trevithicks neuester Gag war allerdings noch frivoler. Er brachte eine Lokomotive nach London und ließ sie auf einem Schienenring laufen, auf einem Gelände, das jetzt der Londoner Universität gehört. Diese Vorführung war nicht dazu angetan, das Auge seriöser Geschäftsleute auf sich zu ziehen, die auf der Suche nach gesunden Investitionen waren. »*Trevithicks fahrende Dampfmaschine*«, schrieben die Blätter in

Trevithicks »Catch me who can«, als Touristenattraktion in Bloomsbury.

16

Schlagzeilen. »Catch me who can« (»Fang mich, wer kann«). »Mechanische
Kraft übertrifft die Schnelligkeit der Tiere«! Eine Zeitlang war es große Mo-
de, sich anzuschauen, was Sir Humphrey Davy beschrieb als »Captain Trevithicks Drache«, aber, wie es Modeerscheinungen oft ergeht, das Interesse
an der Maschine erstarb so schnell wie es entstanden war. Trevithick hatte
das Unglück, der Erfinder der richtigen Sache zur falschen Zeit zu sein.
»Catch me who can« lief im Jahr 1808. Vier Jahre später wurde der Welt
erste funktionierende Dampfeisenbahn in Betrieb genommen.
Trevithick verschwindet nun von der Bühne – obwohl er noch einen Auftritt haben wird – und die Geschichte der Entwicklung der Eisenbahn geht
auf andere Akteure über.

Es wäre sehr verlockend, Trevithick in der Rolle des verkannten Erfinders
zu schildern oder des Propheten, der die Wahrheit spricht, welche der Rest
der Welt hartnäckig überhört. Aber es gab gute Gründe, sich nicht schon im
Jahr 1808 in das Zeitalter der Dampfeisenbahnen zu stürzen. Entscheidende Mängel mußten noch überwunden werden, bevor die Lokomotive nützliche Arbeit leisten konnte. Der größte dieser Mängel hatte sich in Penydarren gezeigt: die Maschine zerbrach die Schienen.
Die Schwierigkeiten brauchten nicht unüberwindlich zu sein. Doch bot es
keinen großen Anreiz, in kostspielige Versuche mit neuen Maschinen zu in-
vestieren, solange es das gute alte Pferd gab, billig und zuverlässig. Plötzlich
aber änderten sich die Verhältnisse. Die napoleonischen Kriege trieben den
Preis für Trockenfutter steil nach oben, und billige Pferdekraft wurde plötzlich teuer. Der »Kleine Korporal«[1] bewirkte, was Richard Trevithick nicht
gelungen war – seine Kriege ermutigten die Suche nach billigen Transport-
mitteln. Alle Schienenstrecken der Bergwerke waren betroffen.
Ein Grubendirektor in der Nähe von Leeds, John Blenkinsop von der
Middleton-Zeche, kam auf die Lösung des Problems der zerbrochenen
Schienen. Er kannte Trevithicks Experimente und kam zu dem Schluß, daß
es das außergewöhnliche Gewicht der Lokomotive war, welches den Bruch
des Gußeisens verursachte. Eine Lösung lag nahe: nämlich leichtere Lokomotiven zu bauen. Aber das hätte Verzicht auf Leistung bedeutet. Eine
leichte Maschine wäre eben nicht in der Lage gewesen, schwere Arbeit zu
verrichten. So wandte sich Blenkinsop der anderen Seite des Problems, den
Schienen, zu und entwickelte ein neues System: die Zahnradbahn. Er versah die Lokomotive mit einem Zahnrad, das in eine gezahnte Schiene zwi-

*Ein Rekonstruktion von »Catch
me who can«.*

[1] Napoleon

Die erste funktionierende Verkehrseisenbahn im Middleton-Bergwerk, Leeds. Es ist reiner Zufall, daß wir diese Illustration einer Eisenbahn besitzen. Denn das Bild wurde eigentlich wegen der Kleidung des Bergmanns gemalt.

schen den normalen Schienen griff. Dies ergab weit mehr Zugkraft als das System glatter Räder auf glatten Schienen. Es bedeutete, daß jetzt eine leichte Lokomotive schwere Lasten ziehen konnte. Im Nachhinein ist freilich leicht zu sehen, daß das System Blenkinsops eine Sackgasse war. Aber es funktionierte, wenngleich langsam und unbeholfen, und darauf kam es an. Theoretiker mögen über dieses System verächtlich lächeln – immerhin gelang es Blenkinsop, Dampfmaschine und Eisenschiene zu geregelter, nutzbringender Arbeit zu verbinden.

Blenkinsop baute seinen neuartigen Schienenstrang; die Lokomotiven aber waren das Werk eines anderen Mannes aus der gleichen Gegend, des Ingenieurs Matthew Murray.

18

Sie stellten Variationen des ursprünglichen Entwurfs von Trevithick dar –
dreißig Pfund pro Maschine mußten den Inhabern des Patents von Trevithick gezahlt werden –, enthielten aber eine Anzahl von Verbesserungen.
Wo Trevithick einen einzigen Zylinder in den Kessel gestellt hatte, verwendete Murray deren zwei. Sie waren zwar noch in der Vertikalen angeordnet,
gewährleisteten aber viel ruhigere Fahrt. Die zwei Verbindungsstangen trieben zwei Kurbelwellen an, welche mittels eines Getriebes mit den Zahnrädern verbunden waren. Die Vorrichtung war aber noch nicht völlig ausge-
reift. Blenkinsop hatte zwei gezahnte Schienen, an jeder Seite des Gleises
eine, beabsichtigt. Doch waren den Besitzern der Zeche die Aufwendungen
dafür zu groß. Die ideale Alternative wäre eine einzige gezahnte Schiene in

Die Middleton-Bergwerks-
bahn passiert Christ Church,
Leeds.

19

der Mitte der Gleise gewesen. Aber auch dies war nicht möglich, da immer noch Pferde auf dem Schienenstrang eingesetzt wurden. So mußte sich Blenkinsop mit einer gezahnten Schiene an nur einer Seite des Gleises begnügen – was natürlich eine beträchtliche Ablenkung der Lokomotive von der Fahrtrichtung zur Folge hatte. Alles war recht provisorisch, doch Blenkinsop demonstrierte seinen unerschütterlichen Glauben an das System, indem er zwei Maschinen auf einmal bestellte, nicht nur eine einzige Testlokomotive. Sein Vertrauen stellte sich als gerechtfertigt heraus. Im Juni 1812 setzte sich der erste Zug in Bewegung. Bald taten zwei Maschinen, »Salamanca« und »Prinzregent«, ihren regelmäßigen Dienst. Jetzt war es möglich, ihre Leistung zu messen. Jede wog ungefähr fünf Tonnen und konnte Lasten von 85 Tonnen ziehen, eine Zahl, die später noch überboten wurde. Die Ersparnisse waren beträchtlich. Blenkinsop machte große Propaganda für seine Eisenbahn und mußte zahlreiche Anfragen von anderen Grubeneignern beantworten, die das System auch gerne ausprobieren wollten. 1813 schickte er eine detaillierte Aufstellung an den Direktor der Oxledge Zeche. Er veranschlagte (für eine mit Pferden betriebene Bahn) Kosten von 9653 Pfund, 13 Schilling und 0 Pence pro Jahr, auf einer Strecke von 8,8 Kilometern; dabei entfiel der Hauptanteil auf das Futter für die 81 Pferde, d. h. 50 Pfund für jedes im Jahr. (Die Leute, die die Pferde führten, kamen etwas billiger, nämlich 40 Pfund pro Jahr.) Der Betrag, so räumte Blenkinsop ein, konnte gesenkt werden, indem man den Pferdemist um 200 Pfund verkaufte.

Verwendete man aber seine »Dampffahrzeuge«, so konnte der genannte Betrag auf 1468 Pfund, 4 Schillinge und 0 Pence reduziert werden. Selbst wenn jemand diesen Angaben eins Propagandisten skeptisch gegenüberstehen sollte – besonders was die Schillinge betrifft – so ist die Aufstellung doch beeindruckend. Blenkinsop berechnete für die Verlegung der gezahnten Schiene 6247 Pfund, von denen sich 4465 Pfund durch den Verkauf von 77 Pferden wieder hereinbringen ließen, die man nicht länger benötigte. Es war vorauszusehen, daß eine große Zahl von Interessierten eintraf, um die Eisenbahn zu besichtigen. Sie repräsentierten die gesamte soziale Rangskala, angefangen von Zar Nikolaus bis zu einem Grubenmaschinenbauer aus Killingworth, in der Nähe von Newcastle-upon-Tyne. Dieser Maschinenbauer hatte schon einmal eine Dampflokomotive besichtigt. Er war nämlich aus Wylam gebürtig, wohin Trevithick seine erste Maschine gebracht hatte. Sein Name war George Stephenson.

20

2. KAPITEL

George Stephenson betritt die Bühne

George Stephenson wird oft »Vater der Eisenbahn« genannt, ein Titel, den er nicht ganz zu Recht verdient. Trevithick hatte seine Lokomotiven schon öffentlich in London und Wales laufen lassen; die Zusammenarbeit von Blenkinsop und Murray hatte das Ergebnis gehabt, daß eine rentable Dampfeisenbahn etabliert wurde. Stephenson dagegen mußte seine erste Maschine erst noch bauen. Es ist unvermeidlich, daß Titel wie »Vater der Eisenbahn« Erfindern von der Nachwelt beigelegt werden – aber solche Titel führen leider dazu, daß die Bedeutung eines Mannes überbetont, während die anderer Männer unterschätzt wird. Die »Vaterschaft« an der Dampfeisenbahn ist viel zu komplex, als daß man sie einem einzigen Manne zuschreiben könnte. Sie bezieht sich ja auf die Entwicklung sowohl der Lokomotiven als auch der Schienenwege. Aber man sollte doch George Stephenson Ehre erweisen für das, was er wirklich leistete, und niemand kann leugnen, daß seine Leistungen außerordentlich waren. Aus kleinen Verhältnissen stammend, entwickelte er seine Anlagen in einer Weise, daß man ihn schließlich als einen der größten Ingenieure der Welt anerkennen mußte. Es ist kein Wunder, daß er in Samuel Smiles Buch der großen Selfmademen geradezu als die Inkarnation des Prinzips der Selbständigkeit herausgestellt wurde.

Stephenson wurde 1781 zu Wylam im Tal des Tyne als Sohn eines Bergmanns geboren. Er folgte seinem Vater in diesem Beruf, wie das der Brauch bei Bergleuten ist. George war ein außerordentlich kräftiger Bursche. Eine Denkwürdigkeit aus seiner Jugend ist der Zweikampf mit einem anderen Bergmann, Ned Nelson aus Black Callerton, dem größten Raufbold der Gegend, dessen Nimbus dadurch zerstört wurde, daß ihn der junge George niederwarf. In späteren Jahren entstanden Geschichten über George den Hammerwerfer, George den Ringer usw., doch läßt sich vermuten, daß der größte Teil dieser Geschichten erst erfunden wurde, als George der Ingenieur schon eine Berühmtheit war. Alle stimmten jedoch darin überein, daß er körperlich von enormer Stärke war, obwohl er seine Kräfte nicht dafür einsetzte, Kohle untertage zu fördern.

Zunächst bewies George Stephenson, daß seine eigentliche Begabung auf dem Gebiet der Maschinen und des Maschinenwesens lag. 1798 bediente er eine Pumpmaschine; 1801 arbeitete er als »Mann auf der Sohle«, das heißt er hatte die Aufsicht über eine Fördermaschine, die sowohl Menschen als auch Kohle vom Grubengrund auf die Erdoberfläche oder auf die Höhe der Sohle brachte. Er verdiente ein Pfund pro Woche, was als recht anständige

George Stephenson in den Tagen des Ruhms, die Liverpool–Manchesterstrecke im Hintergrund.

Eine romantische Darstellung der Familie Stephensons. George zeigt Robert seine Sicherheitslampe, der neben ihm in der Pose Napoleons steht.

Entlohnung galt, und legte überdies einige Ersparnisse zurück, indem er Stiefel und Schuhe ausbesserte. George machte seinen Weg in der Welt. Bald hielt er sich für wohlhabend genug, um sich eine Frau nehmen zu können. Er heiratete im November 1802. Das folgende Jahr war sehr ereignisreich für ihn, sowohl im Hinblick auf seine Familie als auch auf seine Arbeit. Der Sohn Robert kam zur Welt, und George trat eine neue Stellung

23

an. Gerade war eine Dampfmaschine in Tyneside installiert worden, die Wägen, mit Lasten beladen, vom Fluß heraufziehen sollte.

Die Schiffe, die von London kamen, trugen ihre Ladung zum Tyne, wo sie gelöscht und für die Rückfahrt mit Kohle beladen wurden, wofür sie eigentlich bestimmt waren. Die Maschine in Tyneside, die erste ihrer Art in dieser Gegend, zog die Wägen den Schienenstrang hinauf. Stephenson wurde als Bremser eingesetzt. Stephenson, Schienen und Dampf hatten sich gefunden.

George Stephensons Karriere im Grubenwesen des Nordostens war eher mäßig ansteigend als steil. Es gab Tragödien in seinem Leben: seine Frau Fanny und ein Töchterchen starben innerhalb eines Jahres. Gegen diese schlimmen Erfahrungen fand er einen Ausgleich in seinem eigenen langsamen Aufstieg und in der Freude an dem hellen Verstand seines Söhnchens. George war bestrebt, wirksame Maßnahmen zu ergreifen, die sicherstellten, daß sein Sohn eine gute Ausbildung erhielt. Er selbst war niemals auf die Schule geschickt worden, obwohl er im Lauf der Zeit lesen lernte und sich die Grundregeln des Rechnens aneignete. Für uns heute erscheint es unglaublich, daß ein Mann einer der besten Ingenieure seiner Zeit werden konnte, der nicht nur im Gebrauch der Muttersprache, sondern auch im Rechnen recht mangelhaft ausgebildet war. Aber die Welt der Ingenieure im frühen 19. Jahrhundert unterschied sich beträchtlich von der heutigen. Theoretische Arbeit wurde im Grunde von der Mehrzahl der Ingenieure nicht betrieben. Sie verließen sich auf praktische Erfahrung. Aus Büchern zu lernen war wenig sinnvoll, solange es über die entsprechenden Themen gar keine Bücher gab. Was ein Mann brauchte, war ein rascher Verstand und die Fähigkeit, eine Idee aus dem Kopf in eine Tätigkeit der Hände umzusetzen. Diese Fähigkeiten besaß George Stephenson in vollem Ausmaß, doch war er entschlossen, seinen Sohn mehr zu fördern, als ihm selbst beschieden gewesen war. Also zahlte er für dessen Ausbildung, und schwerlich hätte er besser für ihrer beider Zukunft vorsorgen können.

Schritt für Schritt arbeitete sich der Vater durchs Leben vorwärts. Jeder Schritt führte weiter nach oben. 1811 eröffneten die Grand Allies, das größte Grubenkonsortium im Nordwesten, eine neue Zeche, High Pit. Eine Maschine vom Typ Newcomen, die als Pumpe installiert worden war, warf Probleme auf. George begab sich dorthin, besichtigte die Maschine und entschied, daß die Schwierigkeiten mit ziemlicher Sicherheit dadurch verursacht wurden, daß der Dampf im Zylinder zu wenig kondensierte. Das

24

Ventil, welches das Kühlwasser in den Zylinder hineinließ, war zu eng, und der Wassertank war zu niedrig angebracht, um genügend Gefälledruck zu gewährleisten. Er behielt seine Beobachtungen für sich selbst, gab aber den Eignern einen Wink, daß er wohl in der Lage wäre, die Sache zu beheben. Sie gaben ihm die Chance – und er hatte Erfolg. Die Grubendirektion war hoch erfreut. Ein Jahr später wurde er belohnt: er wurde nämlich zum Maschineningenieur von Killingworth ernannt, das heißt, er war für alle Maschinen in allen Gruben der Grand Allies verantwortlich. Es war ein großer Sprung nach oben, und Stephenson revanchierte sich bei seinen Vorgesetzten nach Kräften, indem er eine Reihe von Verbesserungen in den Bergwerken durchführte. Ebensoviel und mehr tat er für seine Arbeitskollegen. Am 25. Mai 1812, 11.30 Uhr vormittags, gerade bei Schichtwechsel, ereignete sich eine Explosion in der Felling Zeche bei Gateshead. Ein Pastor dieser Gegend, Reverend John Hodgson, beschrieb die schreckliche Wirkung: »Ein leichtes Zittern, wie von einem Erdbeben, war bis zu einem Kilometer im Umkreis der Grube zu bemerken. Der Donner der Explosion, obwohl dumpf, war in einer Entfernung von fünf bis sechs Kilometern noch zu hören und erinnerte stark an das unregelmäßige Geschützfeuer einer Artillerieabteilung. Ungeheure Mengen von Staub und Kohlenstückchen wurden

Grubenexplosionen, verursacht durch Methangas und offenes Licht, waren im frühen neunzehnten Jahrhundert leider an der Tagesordnung.

25

hochgewirbelt und stiegen weit in die Luft, einen umgekehrten Kegel bildend. Die schweren Teile der ausgestoßenen Mengen, Holz- und Kohlenstücke, fielen in der Nähe der Grube zu Boden, während der Staub, von einem starken Westwind hinweggetragen, wie ein Dauerregen in einer Entfernung von zweieinhalb Kilometern niederging. Im Dorfe Haworth erzeugte dieser Regen Zwielicht wie bei der Morgendämmerung. Zweiundneunzig Männer und Burschen kamen um.«

Ein Grubenunglück war nichts neues, aber Felling rührte an das öffentliche Gewissen. Felling war bekannt als moderne Zeche, mit den besten und modernsten Einrichtungen, einschließlich des Systems der Ventilation. Das machte die Tragödie umso beklagenswerter. Etwas mußte geschehen. Es gab wenig Zweifel über die Ursache: eine Zündung von Gruben- oder Methangas. Dieses Gas sammelt sich bis zu einer gewissen Konzentration in allen Gruben an; es explodiert, wenn es an offenes Licht gerät. Die Antwort schien also klar zu sein – man mußte alle offenen Lichter entfernen. Doch wie sollte dann der Bergmann sehen? Jetzt begann eine fieberhafte Tätigkeit, eine Lampe zu entwickeln, die grubensicher war. Ein Komitee wurde eingesetzt, man wandte sich an Sir Humphrey Davy, den führenden Naturwissenschaftler der damaligen Zeit. Seine Überlegungen und Versuche führten zur Entwicklung der berühmten Davy-Sicherheitslampe. Weniger bekannt ist, daß zur gleichen Zeit eine andere Sicherheitslampe von Stephenson entworfen wurde, die ebenso wirksam war.

Die Geschichte der Sicherheitslampe ist nicht ohne Bezug auf die Geschichte der Eisenbahn, denn sie zeigt den Charakter Stephensons und sein Mißtrauen, welches er gegen die »Eierköpfe« in London hegte.

Stephenson konstruierte seine Lampe, nachdem er gründlich untersucht hatte, welche Eigenschaften das gefährliche Gas untertage zeigte. Er beobachtete, daß das Gas sich nicht entzündete, wenn der Zug der Luft auf die Flamme stark genug war. Er entwarf eine Lampe, die auf diesem Prinzip beruhte und probierte sie auf die einzig ehrenhafte Weise aus: In seiner eigenen Hand die Lampe tragend, begab er sich mit dem Oberinspektor von Killingworth, seinem Freund Nicolas Wood, und dem Inspektor John Moody zu der Stelle mit der höchsten Gaskonzentration, die er finden konnte. Moody beschrieb die Ereignisse:

»Ich begleitete Mr. Stephenson und Mr. Wood hinunter in die Grube A in der Killingworth Zeche, um Mr. Stephensons erste Sicherheitslampe in einem › Gasloch ‹ (einem Bereich entweichenden Gases) zu testen. Aber als

Die Stephenson-Sicherheitslampe.

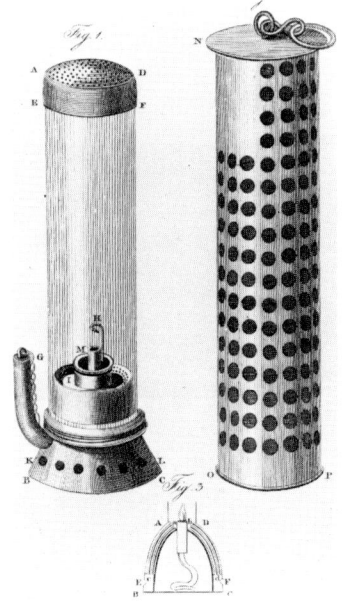

Ein phantasievolles Gemälde mit Sir Humphrey Davy, wie er dankbaren Steigern seine Lampe zeigt.

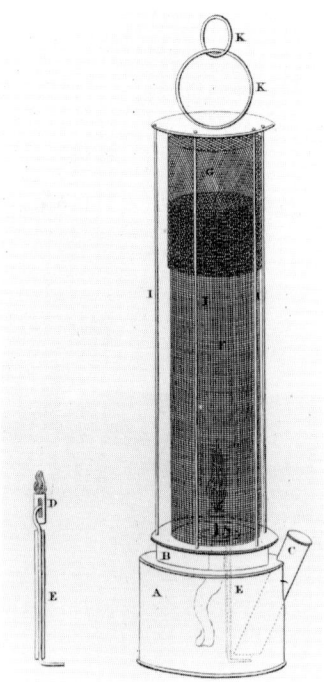

Die Davy-Lampe.

wir in die Nähe des › Gaslochs ‹ kamen, fand sich dort weit mehr Gas als gewöhnlich, so daß ich Mr. Stephenson und Mr. Wood sagte, wir würden sofort zu lebenden Fackeln werden, wenn sich die Lampe als Fehlschlag
erweisen würde. Aber Mr. Stephenson bestand auf dem Test, sehr gegen
meinen Wunsch. So zogen sich Mr. Wood und ich bis in eine gewisse
Entfernung zurück und überließen Mr. Stephenson sich selbst. Jedoch hörten wir ihn bald rufen, daß die Lampe seinen Erwartungen voll entsprach.«
So handelte ein Mann, in dem sich Selbstvertrauen mit persönlichem Mut
verband, ein Mann, der bereit war, sein eigenes Leben für das Wohl anderer
zu riskieren. Stephenson zeigt sich hier von seiner besten Seite und verdient
höchste Bewunderung. Er verbesserte später seine Lampe in mancher Hinsicht. In ihrer endgültigen Ausführung war sie der von Davy sehr ähnlich.
Beide waren genau zur selben Zeit konstruiert worden.
Das Komitee, welches Davy beauftragt hatte, eine sichere Grubenlampe zu
bauen, zahlte ihm 2000 Pfund. Stephenson hingegen erhielt gerade 100. Da
wurden viele Leute im Nordosten aktiv, um dem Mann aus der eigenen Gegend die ihm gebührende Belohnung zukommen zu lassen: Sie sammelten
und brachten 1000 Pfund als angemessenes Honorar zusammen.
Man sollte nun meinen, daß der Gerechtigkeit auf diese Weise Genüge getan war. Aber Sir Humphrey Davy war empört. Für ihn war es unbegreif-
lich, daß einem ungebildeten Bergmann, der die Naturgesetze nicht kannte,
allein durch Versuche und sorgfältige Beobachtung gelingen sollte, was er
mit kontrollierten Experimenten im Labor erreicht hatte. Er schrieb an die
Anhänger Stephensons und klagte, daß man sich bei Stephenson bedankt
habe, »was, wie jeder Wissenschaftler im Vereinigten Königreich weiß,
ebenso ungerechtfertigt der Sache nach wie unangemessen in der Form ist«.
Die Zechenbesitzer und einflußreichen Leute des Nordostens antworteten
mit einer kräftigen und entschiedenen Zurückweisung auf Davys Brief. Für
Stephenson war es sicher eine Genugtuung, zu wissen, daß er von seinen
Vorgesetzten sehr geschätzt wurde und daß man ihm voll vertraute. Ebenso
aber bedeutete es ihm gewiß eine schlimme Kränkung, daß ihn Davy und
die Elite der Londoner Wissenschaft als Scharlatan und Betrüger ansahen.
Die Nachwelt ließ Stephenson Gerechtigkeit widerfahren: Die Geordie[1]-
Lampe blieb in Northumberland und Durham in Gebrauch; viele hielten
sie für sicherer als die von Davy. Trotzdem machte die Affäre Stephenson
sehr mißtrauisch gegen »Experten« im allgemeinen und gebildete Londoner Fachleute im besonderen.

Während die Arbeit an der Sicherheitslampe Fortschritte gemacht hatte, war die Entwicklung der Lokomotive gleichfalls nicht still gestanden. Die Bahnstrecke der Middleton Zeche war kurz, ihre Spurweite ungewöhnlich, aber hier taten Dampflokomotiven ihren Dienst und arbeiteten tatsächlich wirtschaftlich. Das war ermutigend. Jedoch war immer noch das Problem der Zugkraft ungelöst. William und Edward Chapman erfanden ein System, das auf dem Prinzip der schiefen Ebene beruhte: Die Lokomotive zog sich selbst entlang einer Kette, die zwischen den Schienen verlegt war. Diese Idee stellte sich als recht wertlos heraus. Noch weniger sinnvoll war die ungewöhnliche Maschine, die William Brunton 1815 baute. Bei ihr trieben die Kolben zwei Eisenschenkel an. Der ganze Apparat watschelte auf eisernen Füßen über die Schienen wie ein Science fiction Roboter. Das ungeschlachte Ungeheuer explodierte bei der Jungfernfahrt und verwandelte die Komödie in eine Tragödie, da einige Zuschauer und die Bedienungsmannschaft getötet wurden. Das Experiment war gescheitert.

Etwas konventionellere Versuche fanden im Nordwesten statt. Christopher Blackett von der Wylam Zeche, wohin Trevithick seine Maschine gebracht hatte, drängte seinen Direktor William Hedley, die Konstruktion von Lokomotiven aufzunehmen. Dessen erste Versuche mündeten in eine Konstruktion vom Typ Trevithick. Die Maschine funktionierte, aber nicht besonders gut. Das Problem war der Mangel an Dampf. Ein Kessel ist nichts anderes als ein runder Behälter, in dem Wasser durch die heißen Gase eines Feuers erhitzt wird. In grober Verallgemeinerung läßt sich sagen, daß, je größer die Kontaktfläche zwischen Kessel und heißen Gasen ist, umso mehr Dampf erzeugt wird. In der nächsten Generation der Maschinen Hedleys wurde der Kessel aus Schmiedeeisen gebaut, und das Rohr, das die heißen Gase vom Feuer weg transportierte, wurde in U-Form gekrümmt, so daß es zweimal durch den Kessel führte und auf diese Weise die erhitzende Fläche verdoppelte. Für heutige Augen wäre es ein sehr merkwürdiger Anblick, wenn der Heizer an dem Ende schaufelt, wo sich der Schornstein befindet, während der Führer am entgegengesetzten Ende seine Arbeit verrichtet. Doch fand diese Konstruktion die Billigung anderer Ingenieure. Einer von ihnen stand mit Hedley in Verbindung: es war der Hüttenmeister der Wylam Zeche, Timothy Hackworth. Bei so großem zeitlichen Abstand ist es unmöglich, nachträglich festzustellen, welchen Anteil Hackworth an der Konstruktion der Wylam-Maschinen hatte. Doch ist ziemlich sicher, daß er, da damals die Arbeit des Entwerfens kooperativ erfolgte, in jeder Phase mitwirkte. Hierbei erwarb er sich die Fähigkeiten, in denen er es später zur Meisterschaft brachte.

Die Wylam-Lokomotiven wiesen weitere Verbesserungen im Vergleich zum alten Trevithick-Typ auf. Die Anordnung des Zylinders war eine völlig andere. Hedley stellte ihn außerhalb des Kessels auf, und der Antrieb erfolgte durch einen drehbar gelagerten Balken. Tatsächlich waren die Maschinen Hedleys ganz offensichtlich eng mit den gewöhnlichen stationären Balkenmaschinen verwandt. Den ersten Wylam-Maschinen gab man freundliche Spitznamen, »Wylam Dilly« und »Puffing Billy«. Letztere blieb mit mancherlei Veränderungen bis 1860 im Dienst; die hauptsächliche Veränderung bestand darin, daß man sie von ihren vier Rädern herabhob und auf acht setzte, auf diese Weise das Gewicht verteilend. Die alte Schwierigkeit der Gleisbrüche plagte die Pioniere der Eisenbahn noch immer.

Hedleys erste gut funktionierende Maschine lief im Mai 1813 – seine früheren Versuche im Februar waren klare Mißerfolge gewesen. Die Daten sind von einiger Bedeutung. Denn später ergab sich eine Kontroverse von der Art, wie sie so oft in der Geschichte der Eisenbahnen auftauchte. Es handelte sich um einen zweifelhaften Anspruch auf die Urheberschaft. Hedley – so sagte man – war der eigentliche »Vater der Eisenbahn«. Es schien tatsäch-

William Hedleys Lokomotive »Puffing Billy«, erbaut für die Wylam-Zeche und bis 1863 in Betrieb.

lich, als ob er seinen Anspruch mit größerem Recht geltend machen konnte als Stephenson. Denn seine Maschinen war vor denen Stephensons entstanden. Aber die Wylam-Lokomotiven leisteten kaum mehr als diejenigen Trevithicks.

Die Gemüter erregten sich heftig über die eigentlich müßige Frage der Urheberschaft, jahrelang, jahrzehntelang. Die Diskussion wurde von der folgenden Generation fortgesetzt, als die alte Generation längst in einem Zustand war, den die Diskussion selbst hätte aufweisen müssen: tot und begraben.

Stephenson reihte sich in die Schar der Eisenbahnbauer ein mit seiner ersten eigenen Maschine: »Blücher«, erbaut für die Killingworth Zeche. Er begann im Herbst 1813 mit der Arbeit, ein Zeitpunkt, den die Anhänger Hedleys als klaren Beweis dafür anführten, daß Stephenson nichts anderes geleistet hätte, als die Maschine von Wylam zu plagiieren. Natürlich wäre er ein Narr gewesen, wenn er nicht jede Gelegenheit wahrgenommen hätte, zu erkunden, was sich bei der Entwicklung der Lokomotiven an Neuem ergab. Wenn er aber wirklich direkte Anleihen machte, dann bei den Ideen von Blenkinsop und Murray. Es liegt auf der Hand: Wenn jemand die Abmessungen der verschiedenen Konstruktionen vergleicht, wird er finden, daß »Blücher« bemerkenswerte Ähnlichkeit mit Murrays Maschine hatte. Jedoch gibt es einen wesentlichen Unterschied: Stephenson hatte nicht das geringste Interesse an gezahnten Schienen und Zahnrädern. Auf der Strecke der Killingworth Zeche gab es nur oben glatte Schienen – die wir heute als die Standardausführung ansehen, keine flachen L-förmigen Schienen wie in Wylam. Deshalb war Stephenson in der Lage, Räder mit Spurkranz an seiner Maschine anzubringen. Das war ein bedeutender Schritt nach vorne. In anderen Hinsichten war »Blücher« keine aufregende Konstruktion. Sie hatte den altmodischen Kessel mit nur einem Flammrohr, der enorme Energien verschwendete. Das war freilich kein allzugroßer Nachteil in einem florierenden Bergwerk, in dem es nie Mangel an Energie gab. Die Maschine Stephensons hatte überdies ein schwerfälliges Antriebssystem, über Zahnräder und Getriebe, ebenfalls in Anlehnung an die Middleton Lokomotiven. Daraus resultierte, abgesehen von entsetzlichem Krach, ein recht hoher Grad der Abnutzung. Und schließlich gab es eine Antriebskette von der Lokomotive zum Tender, wodurch das Rasseln und Klirren noch verstärkt wurde.

Die Verwendung von Rädern mit Spurkranz auf glatten Schienen war die

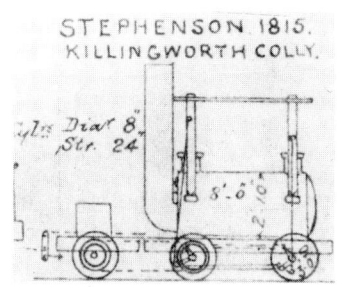

Eine Originalzeichnung einer der Stephenson'schen Killingworth-Maschinen, zwischen 1815 und 1820. Sie zeigt die in den Kessel eingetauchten Zylinder und die Antriebskette.

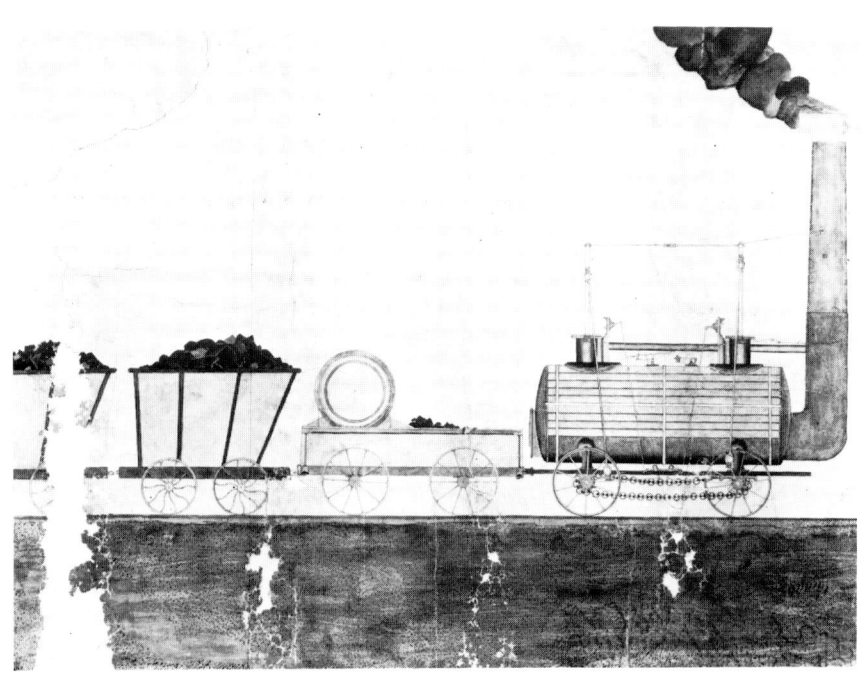

Eine frühe Stephenson Berg-werksmaschine.

wesentliche Verbesserung, die Stephenson einführte – man muß sogar ein-räumen, daß es die einzige Verbesserung im Vergleich zu den anderen da-maligen Lokomotiven darstellte. Übereifrige Anhänger Stephensons, be-sonders Samuels Smiles, haben ihrem Helden größere Verdienste zuge-schrieben, in der Hauptsache die Erfindung des Dampf-Gebläses. Dabei wird der Dampf, der seine Arbeit getan hat, in den Schornstein geleitet und verstärkt so den Zug auf das Feuer. Durch diese Behauptungen der Anhän-ger Stephensons ist wieder eine Kontroverse entstanden, mit der wir uns auseinandersetzen müssen. Was ist wertvoller: etwas zu erfinden oder etwas Erfundenes sinnvoll anzuwenden? Trevithick war es, der die Gebläsewir-kung des Dampfes entdeckte und auch anwendete, aber nur sehr unvoll-kommen. Denn da seiner Maschine ein gut funktionierender Kessel fehlte, bestand die eigentliche und nachteilige Wirkung seines Dampfgebläses dar-in, daß es das Feuer auf dem Rost aufwirbelte, so daß Flammen und Funken glühender Asche aus dem Schornstein gespuckt wurden, und die Maschine sich wie ein kleiner Vulkan vorwärts bewegte. Dabei machte sie einen Lärm

32

wie ein ganzer Stamm heulender Hottentotten. Die Pferde, die immer noch auf den Strecken eingesetzt wurden und zwischen den Schienen gingen, gerieten in Panik. Nicholas Wood beschrieb das Problem in einem der ersten Technik-Bücher, die jemals über Eisenbahnen veröffentlicht wurden: seinem *Treatise on Rail Roads* (Abhandlung über die Eisenbahn), erschienen 1825. Er stellt klar, daß Stephenson es vorzog, zusätzlichen Dampf zu erzeugen, indem er den Kessel vergrößerte, und daß er weniger Wert auf das Dampfgebläse legte. Die Wirkung des Gebläses bei Stephenson war, so behauptete Wood, unbeachtlich im Hinblick auf eine größere Leistung des Kessels, und ob sie überhaupt irgendeine nennenswerte Bedeutung vielleicht für andere Funktionen der Maschine hatte, ließ er dahingestellt. »Der Dampf«, so schrieb er, »der auf diese Weise in den Schornstein geleitet wird, wirkt wie in einer Trompete und macht höchst unangenehme Geräusche.« Das Dampfgebläse war also schon früh bekannt, doch konnte es seinen eigentlichen Wert erst beweisen, wenn andere fundamentale Bedingungen bei der Konstruktion der Lokomotiven erfüllt waren.

Es ist für uns Heutige nicht leicht, über die technische Entwicklung, wie sie sich vor eineinhalb Jahrhunderten vollzog, zu urteilen. Denn wir kennen die Antworten auf die Fragen schon, die damals auftauchten, und die Lösungen erscheinen uns daher verhältnismäßig einfach. Wir sind z. B. gewöhnt, Räder mit Spurkranz auf glatten Schienen laufen zu sehen. Aber in den Jahren um 1810 lag es keineswegs auf der Hand, daß ein solches System funktionieren würde. Es ließ im Gegenteil weit weniger Reibungskontakt zwischen Schiene und Rad erwarten als die Alternative eines konventionellen Rades, das auf L-förmigen Schienen rollte. In ähnlicher Weise sind wir vertraut damit, daß die Räder einer Lokomotive durch Stangen bewegt werden, die mit Kolben verbunden sind. Solche Konstruktionen waren in den frühen Jahren des 19. Jahrhunderts noch nicht denkbar. Die Dampfmaschinen, an die die Ingenieure damals gewöhnt waren, waren die Balkenmaschinen vom Typus Newcomen oder Watt. Viele von ihnen wurden dazu verwendet, trommelförmige Winden anzutreiben. Der Gedanke mußte sich aufdrängen, mittels der gleichen Kraft ein sich drehendes Rad auf einer Schiene anzutreiben. Und wenn dies nicht die beste Lösung war, so gab es eine Menge von Alternativen, die vor der Phantasie eines erfinderischen Mannes auftauchen konnten. Auch Stephenson versuchte es mit Zahnrädern nach dem Muster Murrays. Bei späteren Killingworth-Maschinen verwendete man Kettenantriebe. Alles war noch im Versuchsstadium und in

33

einem Ausmaß, das wir uns kaum vorstellen können, an die Erfindungsgabe des einzelnen Individuums gebunden. Es gab noch keine Lehrbücher, und selbst wenn sie vorhanden gewesen wären, so hätten Männer wie Stephenson sie gar nicht verstehen können. Reisen war mühsam. Daher war jeder Ingenieur mehr oder weniger auf seine eigenen Ideen angewiesen und mußte sich Schritt für Schritt auf seinem Weg vorantasten. Was unter diesen Umständen ganz erstaunlich ist, ist die Schnelligkeit, mit der neue Ideen produziert wurden. George Stephenson mußte seine täglichen Pflichten in der Zeche erfüllen und war doch noch in der Lage, sich entscheidende Verbesserungen für die Eisenbahn auszudenken. Zwei seiner Einfälle führten dazu, daß das leidige Problem der unebenen und schwachen Schienen aus der Welt geschafft wurde.

Stephenson ging das Problem von zwei Seiten an: Er verbesserte einerseits den Lauf der Lokomotive, andererseits die Schienen selbst. Um ersteres zu erreichen, erfand er die Dampf-Federung. Damals gab es noch keine Federn aus Stahl, die schwere Lasten tragen konnten. So kam er auf die geniale Idee, oben offene Zylinder im unteren Teil des Kesselmantels anzubringen. Die Kolben in den Zylindern standen unter dem Dampfdruck im Kessel. Die Kolbenstangen waren mit den Lagern der Radachsen fest verbunden. War der Kessel drucklos, saß alles fest auf dem Rahmen. Bei Betriebsdruck bewirkte dieser über den Kolben einen gewissen Puffer-Effekt. So weit so gut. Doch war damals die Einpassung des Kolbens in den Zylinder alles andere als zufriedenstellend; der Zwischenraum zwischen ihnen wurde durch Hanfseile abgedichtet. Die fahrende Maschine muß fast unsichtbar hinter einer Dampfwolke gewesen sein. Stephensons Vorrichtung war kompliziert und konnte aufgegeben werden, sobald Lamellenfedern mit übereinander liegenden Federblättern erfunden waren. Trotzdem war es der erste Versuch, mit dem sehr dringlichen Problem der Federung fertig zu werden.

Das Problem der Schienen war noch schwieriger. Alle Eisenbahnstrecken dieser Zeit waren hauptsächlich für von Pferden gezogene Wagen bestimmt. Deshalb war es notwendig, die Schienen auf steinerne Blöcke ohne Schwellen zu setzen, um den Raum zwischen den Schienen für die Pferdehufe freizulassen. So konnten die Blöcke allzu leicht zur Seite rutschen und die Schienen verschieben oder anheben.

Stephenson erhielt eine Stelle als eine Art von beratendem Ingenieur in den Walker Eisenwerken in Newcastle. Es war eine Teilarbeitsstelle, er durfte

Ein typisches Beispiel einer mit Pferden betriebenen Straßenbahn. Man sieht die eisernen l-förmigen Schienen auf steinernen Schwellenblöcken.

sie aber übernehmen ohne Einbuße an Gehalt, welches ihm die Grand Allies zahlten. Sie rechneten ohne Zweifel damit, daß die Arbeit, die er leisten würde, zum Nutzen aller Bergwerke der Umgegend ausschlagen würde, und so stellte es sich in der Tat heraus. Stephenson entwarf zusammen mit einem Partner in Walkers Werken, William Losh, eine neue Schiene, welche jetzt, statt direkt an das benachbarte Stück anzustoßen, mit diesem durch ein überlappendes Verbindungsstück verbunden war. Die Gleise wurden auf eine geeignete Unterlage gesetzt, die es dem Block ermöglichte, sich zu bewegen, ohne daß das Gleis sich verschob. Das neue System funktionierte sehr gut, aber Stephenson ließ seine eigene Konstruktion fallen, sobald die schmiedeeisernen Schienen um 1820 eingeführt wurden. Er war ohne weiteres in der Lage – zumindest bei bestimmten Gelegenheiten – anzuerkennen, daß die Ideen eines anderen besser waren als seine eigenen. Im ersten Jahrzehnt, nachdem Trevithicks Maschine in Penydarren gelaufen war, gab es einige Verbesserungen sowohl an den Maschinen selbst als auch an den Schienen, aber die Eisenbahnen waren immer noch gleichsam

35

stolpernde Kinder. Die Lokomotiven waren in keiner Weise narrensicher. 1818 flog eine der Maschinen der Middleton Zeche in die Luft. Stephenson für sein Teil war sich nicht im unklaren darüber, wo der Fehler lag. »Der Führer«, so berichtete er einem Parlamentsausschuß, »war betrunken und setzte einen schweren Klotz auf das Sicherheitsventil, so daß die Maschine, sobald sie fuhr, explodieren mußte und ihn tötete.« Tatsächlich war es eine große Versuchung für die Lokomotivführer, die Sicherheitsventile mit Gewichten zu beschweren, um die Leistung zu steigern. Aber solche Ereignisse waren wenig geeignet, das Vertrauen der Öffentlichkeit in die seltsamen Maschinen zu fördern. Das soll nicht heißen, daß die Öffentlichkeit viel über die Eisenbahnen wußte oder sich groß um sie kümmerte. Sie waren ja auf eine bestimmte Gegend Großbritanniens beschränkt und ausschließlich für die wenig interessante Aufgabe bestimmt, Kohlewagen zu ziehen. Sie erschienen nicht aufregender oder bedeutender als die großen stationären Maschinen, die die selben Lastwägen die Abhänge hinaufzogen.

Die Bergwerksstrecken waren überdies Privateigentum und dienten privaten Interessen. Das änderte sich aber um 1820, als die Bergwerksbahn zur öffentlichen Bahn wurde. Die Stockton und Darlington Eisenbahn war ein notwendiger Abschnitt auf dem Weg, der nach Rainhill führte, sie ließ zwei der Hauptdarsteller des Rainhill-Dramas aufeinander treffen.

3. KAPITEL

Eine öffentliche Eisenbahn

Während Tyneside sich mit allen möglichen Eisenbahn- und Schienenproblemen beschäftigte, blieb Teeside im Süden weit zurück. Die Schwierigkeit der Teesiders war genau die gleiche wie die ihrer Kollegen aus dem Norden: sie mußten Transporte von den Kohlefeldern im Inland zu dem schiffbaren Fluß bei Stockton organisieren. Verschiedene Pläne, einen Kanal zu bauen, waren im 18. Jahrhundert entworfen worden, aber alles hatte sich im Sande verlaufen. Am 18. September 1818 machte der Stadtrichter Leonard Raisbeck auf einer Versammlung in der Stadthalle von Stockton den Vorschlag, daß »man einen Ausschuß bilden solle, um die Möglichkeit und Wirtschaftlichkeit einer Eisenbahn oder eines Kanals von Stockton, Darlington und Winston ins Innere zu untersuchen, zum Zwecke der besseren Beförderung von Blei und Kohle«. Das Projekt einer Eisenbahn stand nun öffentlich auf dem Programm, jedoch zeigte sich nur geringer Eifer, die

Eisenbahnen waren 1825 eine Kuriosität: der Künstler ist ganz hingerissen von der Lokomotive, in dieser Skizze von der Eröffnung der Stockton–Darlington Strecke.

37

Der Ingenieur John Rennie: die Beziehungen zwischen ihm und Stephenson waren nicht die besten.

Idee in die Praxis umzusetzen. Doch beschloß der Ausschuß im Jahre 1812, einen der bedeutendsten Ingenieure der Zeit, John Rennie, mit der Vermessung einer Strecke zu beauftragen. Es stellte sich heraus, daß Rennie sich ebensowenig beeilte wie der Ausschuß; er brauchte drei Jahre, um seinen Bericht zu erstellen. Die Zeitplanung ließ sehr zu wünschen übrig. Die Banken der Gegend hatten gerade Bankrott gemacht, es hatte Millionenverluste gegeben und niemandem fiel es ein, an Investitionen zu denken. Der Bericht verstaubte in den Schubladen.

Als 1818 sich wieder Kapital angesammelt hatte, nahm man sich die Pläne vor, entstaubte sie und prüfte sie von neuem. Ein zweiter Brief ging an Rennie mit dem Auftrag, eine Eisenbahnstrecke zu vermessen, jedoch diesmal in Zusammenarbeit mit einem anderen Ingenieur, Robert Stephenson. Rennie reagierte empfindlich auf die Zumutung, daß er mit jemand anderem zusammenarbeiten sollte. »Ich habe es mir angewöhnt«, so schrieb er ziemlich aufgebracht, »nach meinen eigenen Vorstellungen zu denken, und habe dies in den zahlreichen Arbeiten für die Öffentlichkeit praktiziert, die ich durchgeführt habe, und von denen viele weitaus größer und bedeutender waren als die Darlington Eisenbahn.« Rennie und der Ausschuß brachen ihre Verbindung ab, nicht im besten Einvernehmen. Eine neue Vermessung wurde von George Overton, dem Ingenieur der Penydarren Strekke, und seinem Assistenten Davis vorgenommen. Im Unterschied zu Rennie waren sie begeisterte Eisenbahnanhänger und gaben wenig auf den Bau von Kanälen. Mit Engagement verteidigten sie die Eisenbahnverbindung, sahen sich aber bald mit einem Ausschuß konfrontiert, der uneins war. Wie das so oft mit großen öffentlichen Ausschüssen geht: er spaltete sich. Wo erst ein einziger Ausschuß gearbeitet hatte, gab es nun deren zwei: die Stockton-Partei, die geltend machte, daß es im Interesse ihrer Stadt liege, »wenn eine Eisenbahn gebaut würde, die möglichst direkt zu den Kohlenlagern führt«. Das hieß, daß diese Strecke ganz genau nach Norden gehen und Darlington vollständig abseits liegen lassen würde. Zweitens gab es die Darlington-Partei, die natürlich Overtons Route begünstigte, welche direkt ihre Stadt berühren würde. Beide Parteien mobilisierten ihre Anhänger. Die Darlingtoner gingen siegreich aus der Auseinandersetzung hervor. Nachdem es noch ein gewaltiges Hin und Her im Hinblick auf die Streckenführung gab, die die Interessen der Landbesitzer berücksichtigen mußte, erging am 19. April 1821 die Zustimmung des Königs zu dem »Projekt, eine Eisenbahn oder Straßenbahn vom Tees Fluß nach Stockton zu bauen und zu unterhalten«. Zum gleichen Zeitpunkt hatte George Stephenson sein erstes Treffen mit Edward Pease, einem Direktor der neuen Eisenbahngesellschaft. Pease war seines Zeichens Industrieller und Unternehmer in Darlington. Von Anfang an hatte er die geplante Eisenbahn befürwortet. Wie so viele Männer aus der Frühzeit der Industrialisierung war er Quäker. Als ein solcher war er Einschränkungen unterworfen, die ihm den Zugang zum öffentlichen Dienst verwehrten und ihn zwangen, alle seine Energien und Talente der Industrie und dem Handel zuzuwenden. Er sollte zu einem treuen und zuverlässigen Freund Stephensons werden.

Die historischen Tatsachen dieses Treffens sind unter einem Schleier von Mythen fast nicht mehr zu erkennen. Smiles, der einen Hang zur Dramatisierung besaß, beschrieb Stephenson als einen einfachen, barfüßigen Bergmann, der sich bescheiden als »Maschinenmeister von Killingworth« vorstellte und Peases Türschwelle überschritt, um diesen zu überreden, auf jeden Fall seine Pläne für eine mit Pferden betriebene Eisenbahn zugunsten des technischen Wunders einer Dampflokomotive fallenzulassen. Und Pease habe sich sofort überzeugen lassen, ein Vertrag sei abgeschlossen worden. Das ist zwar wirklich eine hübsche Geschichte – aber leider stimmt sie kaum mit den Tatsachen überein. Alles spricht gegen sie: Stephenson war bereits ein angesehener Mann in seinem Gemeinwesen; es gibt keine zeitgenössischen Berichte, die die Eigenschaft ausnehmender Bescheidenheit bestätigen. Eine viel wahrscheinlichere Version gibt Nicholas Wood, der Stephenson begleitete. Sie ritten, sagt er, nach Newcastle, und nahmen dort die Kutsche nach Stockton. Es ist richtig, daß sie daraufhin die 20 Kilometer nach Stockton zu Fuß gingen – aber entlang der projektierten Eisenbahnstrecke. Dann trafen sie sich mit Pease nach vorheriger Verabredung. In diesem Punkt immerhin sind sich die beiden Versionen sehr ähnlich. Stephenson überzeugte Pease, daß die Dampflokomotive und die glatte Schiene besser waren als der Einsatz von Pferden und die L-förmige Schiene. Overton, Anhänger der glatten Schiene, kehrte nach Wales zurück. Von jetzt an stand der Bau der Stockton und Darlington Eisenbahn unter der Leitung George Stephensons.

Im Oktober 1821 begann Stephenson, die Strecke zu vermessen. Dabei hatte er einen neuen Assistenten, seinen achtzehnjährigen Sohn Robert. Robert war eigentlich noch Nicholas Wood im Bergwerk als Lehrling zugeteilt, aber seine Gesundheit war zart, und eines Tages war er, zur Bestürzung seines Vaters, bei einem Grubenunglück beinahe zu Tode gekommen. Wood

Edward Pease.

Der junge Robert Stephenson.

gab den jungen Mann frei. Damit begann die Zusammenarbeit zwischen Vater und Sohn, eine Zusammenarbeit, die eine einzigartige Rolle in der Geschichte der Eisenbahn spielen sollte. Von Anfang an stand sie unter einem guten Stern: es war ein sonniger Oktobertag, als die Vermessungsarbeiten gegen Ende des Monats beendet waren. Die Strecke wich beträchtlich von dem ursprünglichen Plan Overtons ab, zeigt aber in ihrem allgemeinen Verlauf, wie sehr die Eisenbahningenieure sich an das Vorbild hielten, das ihre Vorgänger, die Kanalbauer, gegeben hatten. Man vergißt leicht, daß das Zeitalter der Kanäle noch keineswegs vergangen war, im Gegenteil: man vollendete früher begonnene Kanalbauten und bereitete sogar neue vor. Die Eisenbahningenieure der Frühzeit mochten eifrig ihr neues Transportsystem verfechten und das alte ablehnen, aber was die Methoden der Vermessung, der Planung und der Konstruktion betrifft, verdankten sie offensichtlich ihren Vorläufern sehr viel. Kanal- und Eisenbahnbauer haben ein grundsätzliches Problem gemeinsam: sie müssen durch unebenes Gelände eine möglichst ebene Verkehrslinie legen. In den ersten Jahren des 19. Jahrhunderts bauten die großen Kanalingenieure – Jessop, Rennie, Telford – alle nach dem gleichen Muster, indem sie drei verschiedene Techniken kombinierten: Sie schnitten ins Gelände ein, wobei sie den allgemeinen Konturen des Landes folgten; sie schnitten ein und schütteten auf, indem sie durch Hügel hindurchgruben und die dabei gewonnene Erde benützten, Senkungen aufzufüllen; sie bauten Schleusen, wo Niveauunterschiede nicht beseitigt werden konnten, wobei sie diese Schleusen gewöhnlich zu mehreren hintereinander anordneten. Stephensons Plan für die Stockton und Darlington Eisenbahn hielt sich an ähnliche Methoden. Auch er machte weitgehend Gebrauch von der Möglichkeit der Einschnitte und des Auffüllens, und wo die Kanalbauer Schleusen verwendet hatten, sorgte er für die der Eisenbahn entsprechenden Einrichtungen: schiefe Ebenen, d. h. Gefällstrecken, an denen stationäre Zugmaschinen installiert waren. Die neue Route bedurfte einer Genehmigung durch Parlamentsbeschluß, die den Verlauf der Linie bestätigte und die historische Klausel enthielt: »8. Die Gesellschaft wird ermächtigt, so viele Lokomotiven herzustellen, wie sie es für richtig hält, und sie auf den Eisenbahnstrecken einzusetzen, zum Zwecke der Beförderung und Spedition von Gütern und Passagieren.« Mit der Arbeit an der neuen Strecke wurde bereits begonnen, ehe noch die Genehmigung erfolgt war. Im September 1921 durchschnitt Stephenson das erste Stück Wiese, und im darauf folgenden Januar wurde er offiziell zum

40

leitenden Ingenieur ernannt. Die erste Schiene wurde zu St. Johns Crossing in Stockton am 23. Mai 1822 verlegt. Dabei fand ein großes Volksfest statt. Thomas Meynell, der Geschäftsführer der Gesellschaft, wurde in einem Wagen in die Stadt gezogen, vor den sich Arbeiter gespannt hatten.

Diese Arbeiter waren ebenfalls eine Anleihe aus dem Bereich des Kanalbaus. Sogar ihr Name »Navvies« entstammte der Sphäre der Wasserwege – er ist eine Abkürzung für »Navigators«, d. h. Männer, die die Schiffahrtswege anlegten. Seit über einem halben Jahrhundert, von dem Moment an, wo

Das fein verästelte Netz von Eisenbahnen, die die Bergwerke mit dem Tyne und Wear verbanden.

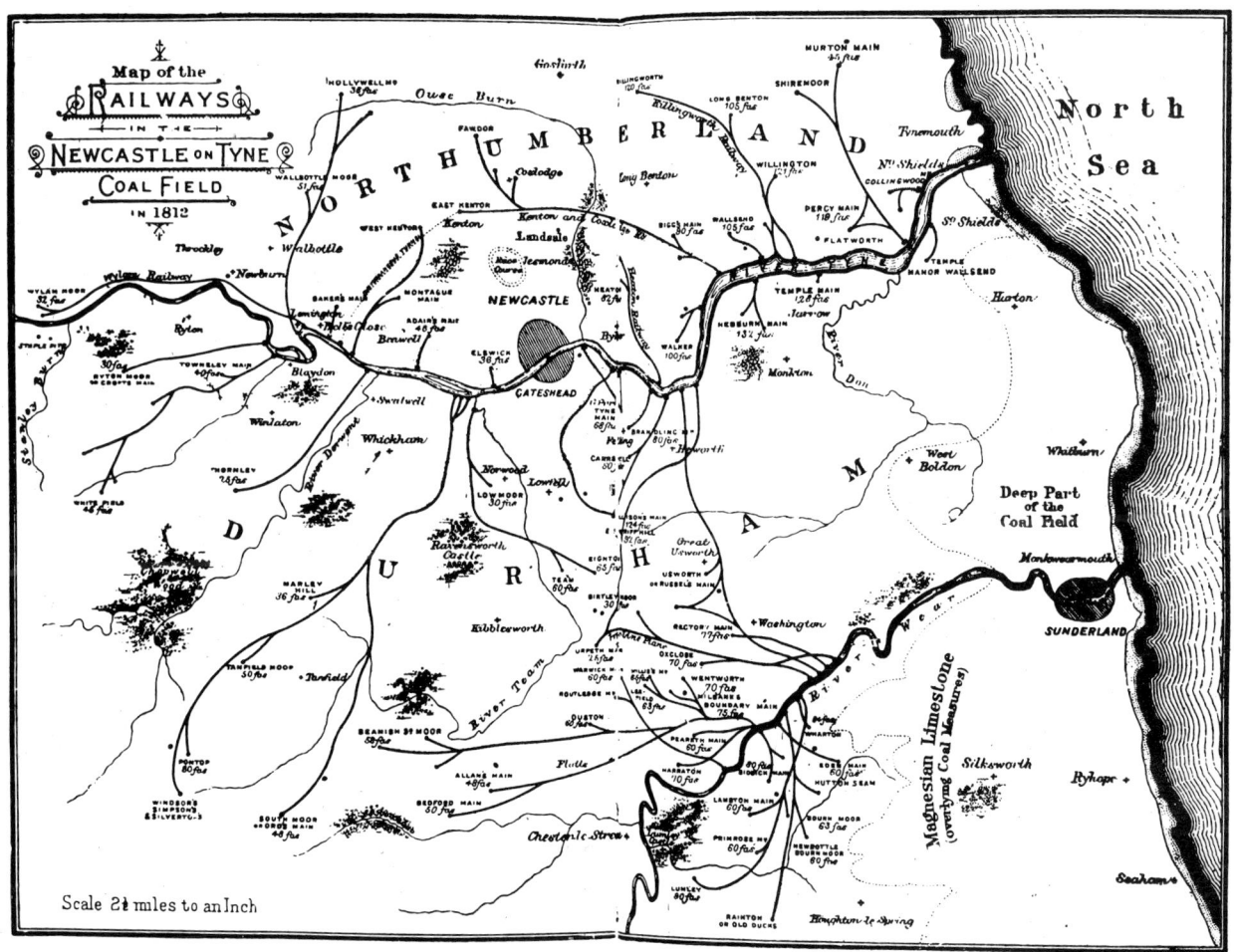

der erste englische Kanal gebaut wurde, hatte sich ein System entwickelt, wonach Vollzeit-Navvies über Land zogen, die von unabhängigen Agenten angestellt wurden. Dieses System wurde von den Eisenbahnen voll übernommen. Das hatte zwei Vorteile: die Leute brachten die Fähigkeiten, die sie für ihre Arbeit brauchten, schon mit, und sie verfügten über die nötigen Körperkräfte. Freilich war die Bevölkerung nicht immer gut auf diese hart arbeitenden Nomaden zu sprechen. Peter Lecount, Angestellter der London Birmingham Eisenbahn, beschreibt sie mit wenig schmeichelhaften Worten:

»Diese Banditen, die in einigen Gegenden Englands als › Navvies ‹ oder › Navigators ‹, in anderen als › Bankers ‹ bezeichnet werden, sind im allgemeinen der Schrecken des Landstrichs, in dem sie sich aufhalten. Sie bilden ebenso eine Klasse für sich wie die Zigeuner. Sie besitzen die brutale Rücksichtslosigkeit der Schmuggler, ohne aber über die Anpassungsfähigkeit und Geschmeidigkeit zu verfügen, die den Schmuggler auszeichnet und seine Brutalität mildert. Sie benehmen sich wie die Wilden; ihre Wildheit wird nur noch durch die Roheit ihrer Sprache übertroffen. Man kann ohne Übertreibung sagen, daß sie ihre Hand gegen jedermann erheben, und daß jedermann, wenn sie neu ins Land kommen, seine Hand gegen sie erhebt. Und wehe der empfindsamen Frau, an deren Ohren ihre Worte dringen können! Da sie einander seit Jahren kennen, handeln sie immer gemeinsam und drängen jedes Polizeiaufgebot in die Defensive. So sind Verbrechen von größter Brutalität an der Tagesordnung. Räubereien sind alltägliche Ereignisse, die sie offen, ohne einen Versuch der Verheimlichung, begehen, wenn sie in großer Zahl beisammen sind.«

Niemand kann behaupten, daß die Navvies Heilige waren. Doch waren sie sicher auch nicht so bodenlos verbrecherisch wie Lecount seine Leser glauben machen wollte. Welches auch immer ihre Mängel waren – es handelte sich um die Männer, die mit Pickel, Spaten und Schubkarre die Stockton Darlington Eisenbahn erbauten, sowie die Tausende von Schienenkilometern, die noch folgten.

Zu einem sehr frühen Zeitpunkt in seiner Laufbahn als Eisenbahningenieur wurde George Stephenson mit einer schwierigen Entscheidung konfrontiert. Er hatte von Birkenshaws neuer Methode erfahren, schmiedeeiserne Schienen von fünf Meter Länge herzustellen. Schon im Juni 1821 äußerte er sich begeistert in einem Brief über diese neue Erfindung: »Ich glaube, daß es nicht mehr lange dauern wird, bis sie die gußeisernen Schienen ersetzen werden. Sie sind die geeigneten Gleise für unsere Maschinen, da sie viel weniger Schienenstöße verursachen als die anderen.« Aber Stephenson war noch an seinen Partner William Losh gebunden und hatte daher ein Interesse an der weiteren Verwendung ihrer gußeisernen Schienen. Indessen war er so sehr von der Überlegenheit der schmiedeeisernen Konkurrenten überzeugt, daß er sie dem Stockton Darlington Ausschuß empfahl. Losh hatte eine weniger sachliche Einstellung zu diesem Problem, was schnell zu einer Trennung der beiden Männer führte. Stephenson nahm naheliegenderweise Kontakt mit den Bedlington Eisenwerken auf, wo Birkenshaw seine Schienen entwickelt hatte. So bildete sich die Grundlage für eine neue Partnerschaft zwischen Stephenson und dem Besitzer der Bedlington Werke, Michael Longridge. Die Rückwirkungen von Stephensons mutiger Entscheidung sollten sich als außerordentlich erweisen.

Mit dem Problem der geeigneten Schienen ist ein kleines Rätsel verbunden. Als Stephenson begann, Gleise im Hetton Bergwerk und für die Stockton Darlington Bahn zu verlegen, wählte er die Spurweite, die er in Killingworth vorgefunden hatte. Es gab noch keine Standardisierung zwischen einem Bergwerk und dem anderen, so daß diese Entscheidung völlig willkürlich war. Aber Stephensons Einfluß wuchs dermaßen, daß die Killingworth Spurweite als die Standard-Spurweite aller britischen Eisenbahnen übernommen wurde, ja vieler anderer Eisenbahnen in der ganzen Welt. Und hier ist das Rätsel: die ursprüngliche Spurweite war 140 Zentimeter, während die Standard-Spurweite jetzt 143,5 Zentimeter beträgt. Niemand weiß, wie oder wann sich die zusätzlichen Zentimeter eingeschlichen haben.

Als die Verlegung der Gleise Fortschritte machte, entstand die Frage, auf welche Weise die Züge gezogen werden sollten. Einige Mitglieder des Ausschusses begaben sich nach Killingworth, wo Stephenson eine Vorführung der dampfgetriebenen Lokomotiven veranstaltete. Sie überzeugte die Mitglieder. Dann mußte die Frage beantwortet werden, wo die Lokomotiven gebaut werden sollten und von wem. Hätte es vormals keine Schwierigkeiten bei der Wahl der Schienensorte gegeben, hätte sich Stephenson an seinen alten Partner Losh gewendet. Aber Losh und er hatten sich in Unfrieden getrennt; diese Tür war fest versperrt. Longridge fehlten die notwendigen Voraussetzungen, daher mußte sich Stephenson nach einem anderen Manne umsehen. Er nahm Verbindung mit Murray auf, der in Middleton Pionierarbeit geleistet hatte. Doch antwortete die Middleton-Gesellschaft, daß sie in den letzten acht Jahren keine Lokomotiven gebaut und kein Inter-

Hetton Colliery Railway

Stephensons Eisenbahn und Lokomotive für die Hetton-Zeche. Der Heizer hatte wenig Gelegenheit, es sich bequem zu machen.

esse daran hätte, den Bau wiederaufzunehmen. Da also niemand Lust zu haben schien, blieb Stephenson nichts anderes übrig – als die Lokomotiven selbst herzustellen. Er und sein Sohn Robert mußten, zusätzlich zur Fabrikation von Schienen, auch noch die Produktion von Lokomotiven übernehmen. Im August 1823 wurde eine neue Gesellschaft gegründet: Robert Stephenson und Companie, Forth Street Werke, Newcastle-upon-Tyne. Sie

44

trug Roberts Namen, da er die Leitung der Lokomotivenproduktion übernehmen sollte. Die wichtigsten Gesellschafter waren Edward Pease mit
1600 Pfund Anteilen, und die beiden Stephensons und Longridge mit jeweils 800 Pfund. Robert mußte sich 500 Pfund von Pease leihen, um seinen
Anteil bezahlen zu können. Der zwanzigjährige Robert hatte nun die Verantwortung für das Management des ersten auf Lokomotiven spezialisier-
ten Werks der Welt.
Man rief Robert von einem kurzen Gastspiel an der Universität Edinburgh
zurück. In einem Brief an Michael Longridge schilderte er seine ziemlich
bitteren Erfahrungen mit der Universitäts-Ausbildung. Was die Geschichte
der Naturwissenschaften betrifft, so schrieb er, »daß die Naturwissenschaftler einen großen Teil ihrer Zeit damit verbringen, zu untersuchen, ob Adam
weiß oder schwarz gewesen sei. Ich komme einfach nicht dahinter, was es
uns nützen würde, selbst wenn wir dieses Problem tatsächlich lösen könnten.« Und im Hinblick auf die Naturwissenschaft selbst meinte er, »daß ich
nur die allereinfachsten Dinge gehört habe, über die ich schon längst Bescheid wußte.« In einem Punkt wenigstens dürften die Familien Rennie
und Stephenson einer Meinung gewesen sein: John Rennie schickte seinen
Sohn erst gar nicht auf die Universität, denn, wie er sagte, »wenn ein junger
Mann drei oder vier Jahre auf der Universität von Oxford oder Cambridge
verbracht hat, ist er für die Praxis des Ingenieurwesens verdorben.« Robert
Stephenson jedenfalls erhielt im Werk Forth Street eine gute, solide Ausbildung zu der Zeit, als die Produktion der ersten Lokomotiven vorbereitet
wurde. Man bezeichnete sie zuerst mit den Ziffern eins und zwei, später
aber gab man ihnen würdigere Namen: »Locomotion« und »Hope« (»Hoffnung«). Über »Locomotion« gibt es wenig Neues zu berichten. Ihre Konstruktion orientierte sich an den bewährten Plänen von Killingworth. Sie
hatte einen einzigen Flammrohrkessel. Das Feuer wurde in einem Ofen aus
Brennziegeln, der sich am vorderen Ende des Kessels befand, entzündet.
Die Feuergase durchströmten das im Kessel liegende Flammrohr, das am
anderen Ende des Kessels austrat und durch eine Biegung nach oben den
Schornstein bildete. Wie bei »Blücher« standen zwei Zylinder senkrecht im
Kessel, aus denen der Antrieb über Verbindungsstangen zu den Kurbelzap-
fen an den Rädern übertragen wurde. Im Unterschied zu den anderen Ma-
schinen der Frühzeit sind wir in der Lage, recht genau zu verstehen, wie die
Maschine arbeitete; denn zum 150. Jahrestag der Eröffnung der Stockton
Darlington Strecke ist eine völlig getreue Nachbildung hergestellt worden.

45

Die auffälligste Besonderheit ist der Standort des Führers in unbequemer Höhe auf einer hölzernen Plattform an der Seite des Kessels. Diese einigermaßen gefährliche Position, in der Kolben und Verbindungsstangen geschäftig vor der Nase des Führers herumtanzten, war aber notwendig. Denn sie allein gewährleistete ausreichende Kontrolle. Die schwierigste Aufgabe des Führers bestand darin, die Maschine in Bewegung zu setzen und sicherzustellen, daß sie tatsächlich in die gewünschte Richtung lief. Es gab keinen Rückwärtsgang, und die Richtung mußte bestimmt werden, indem man die Ventile von Hand verstellte. Der Führer brauchte freien Blick auf die Räder, an deren Stellung er ablesen konnte, ob Dampf über oder unter den Kolben geleitet werden mußte. Er kuppelte die Ventilstangen mit eigener Hand aus. Wenn sich dann alles in Bewegung befand – hoffentlich in der richtigen Richtung – kuppelte er wieder ein. Mancher Führer der »Locomotion« mag seinen Teil an zerquetschten und zerbeulten Fingern abbekommen haben. Sehr bald fällt es jemandem, der auf der Lokomotive fährt, auf, wie ungleich ihre Fahrt ist. Das beruht in der Hauptsache auf dem Antrieb seitens der senkrechten Zylinder, der einen Prell-Effekt erzeugt. Und es ist leicht zu sehen, wie sehr eine relativ zerbrechliche gußeiserne Schiene darunter leiden mußte.

In keiner Weise konnte »Locomotion« als ein Fortschritt gegenüber den früheren Maschinen betrachtet werden – ja sie ist in mancher Hinsicht primitiver und roher als ihre Vorgänger. Das Prinzip ihres Antriebs liegt der Idee der alten Balkenmaschine auf Rädern, die zum Typus der Wylam-Maschinen führte, näher als dem Prinzip, nach dem »Blücher« funktionierte. Es ist überdies nicht möglich, völlige Klarheit über die Wirkungsweise des Originals zu gewinnen, da in der Reproduktion viele der Mängel auf ein Minimum herabgesetzt wurden.

Es war ein steiniger Weg, der zur Vervollkommnung der Lokomotiven und zur Eröffnung der Eisenbahnstrecke führte. Das größte Hindernis für einen gedeihlichen Fortschritt trat auf, als Robert Stephenson plötzlich den Schauplatz Newcastle verließ und sich 1824 nach Südamerika absetzte. Manche Theorien sind entstanden, die diese überraschende Abreise erklären sollen, angefangen von einem gewaltigen Krach zwischen Vater und Sohn bis zu dem unschuldigen Bedürfnis eines jungen Mannes, selbst flügge zu werden und das Nest der Familie zu verlassen.

Es gab in dieser Hinsicht große Versuchungen für einen jungen Mann wie Robert. London wimmelte von immer wiederkehrenden Gerüchten über

46

Stockton – Darlington
Eisenbahn.

Der
GESELLSCHAFTSWAGEN
namens
»EXPERIMENT«

der am Montag, den 10. Oktober 1825, das erste Mal eingesetzt wurde, wird weiterhin von Darlington nach Stockton und von Stockton nach Darlington fahren, und zwar jeden Tag, mit Ausnahme Sonntags, Abfahrt jeweils vom Depot zu den angegebenen Zeiten:

MONTAG:

Abfahrt Stockton 7.30 morgens, Ankunft Darlington etwa 9.30 Uhr. Der Wagen begibt sich von da auf die Rückfahrt um 3 Uhr nachmittags, und wird Stockton etwa um 5 Uhr erreichen.

DIENSTAG:

Abfahrt Stockton 3 Uhr nachmittags, Ankunft Darlington etwa 5 Uhr.

MITTWOCH, DONNERSTAG, FREITAG:

Abfahrt Darlington 7.30 morgens, Ankunft Stockton etwa 9.30; der Wagen begibt sich von da auf die Rückfahrt um 3 Uhr nachmittags und wird Darlington etwa um 5 Uhr erreichen.

SAMSTAG:

Abfahrt Darlington 1 Uhr nachmittags, Ankunft Stockton etwa 3 Uhr.

Reisende zahlen jeder 1 Schilling. Gepäck bis zu 14 Pfund ist frei. Jedes Gramm über diese Grenze kostet extra.

Beförderung von Päckchen zu 3 Pennies pro Stück. Die Gesellschaft haftet nicht für Päckchen, deren Wert über fünf Pfund liegt, außer sie wird dafür bezahlt.

Herr Richard Pickersgill in seinem Büro Commercial Street, Darlington; und Herr Tully in Stockton, stehen für die Annahme von Päckchen und die Buchung von Reisen zur Verfügung.

Stockton, Endhaltestelle.

aus Kohlewagen, die für Passagiere zurechtgemacht waren, war zusammengestellt worden, getrennt nach Wagen für »Gäste, Aufsichtspersonal, Ingenieure usw.«, in denen es Sitzplätze gab, und solchen für »Arbeiter und andere«, die stehen mußten. Inmitten der Waggons befand sich ein besonderer Wagen der Gesellschaft, »Experiment«, der sich freilich von einer gewöhnlichen Kutsche nur durch seine Räder mit Spurkranz unterschied. »Experiment« sollte das Komitee und die Unternehmer befördern. Dreihundert Fahrkarten waren ausgegeben und verteilt worden. Leider war es einfach unmöglich, die Anzahl der Passagiere auf diejenigen zu beschränken, die Fahrkarten besaßen. Das Bedienungspersonal tat das ihm mögliche, doch waren die Menschen, die zu Tausenden herandrängten, nicht zu halten. Jeder, der ein Plätzchen in einem Waggon ergattern konnte, klemmte sich hinein, und wer keines fand, klammerte sich außen fest. Der Zug setzte sich schließlich, nicht ohne Stockungen, in Bewegung, und beförderte wenigstens ebensoviel geladene wie ungeladene Gäste.

Stephenson ließ »Locomotion« die jubelnden Mengen passieren, die die Strecke nach Stockton säumten. Dort hatte sich eine noch größere Menge versammelt. Sie wogte auf und ab, sang »Gott segne den König«, ließ Schellen rasseln, Kanonen donnern und Hochrufe ertönen. Es war für Stephenson ein Tag des Triumphes, und einer, den er dringend nötig hatte. Denn zur selben Zeit wurde er für ein noch größeres Projekt verpflichtet, ein Projekt, welches keinen so leichten Ruhm versprach. Es wurde im Rahmen der Feierlickeiten zur Eröffnung der Stockton Darlington Linie beiläufig erwähnt, als man nämlich nach dem Festessen, das den großen Tag beschloß, auf den Erfolg der geplanten neuen Strecke, der Liverpool Manchester Eisenbahn, anstieß. Abergläubische hätten dabei festgestellt, daß dies der dreizehnte Toast des Tages war.

52

4. KAPITEL

Die Liverpool–Manchester–Linie

Manchester: die rauchenden Schornsteine von Cottonopolis.

Wenn jemand eine Anzahl von Städten nennen sollte, an denen man beispielhaft sehen könnte, was »industrielle Revolution in England« bedeutet, so würde er an erster Stelle drei Namen angeben: Manchester, Birmingham und Liverpool. Der Reichtum der beiden Städte in Lancashire (Manchester und Liverpool) beruhte auf ein und derselben Grundlage: der Baumwolle. Seit Richard Arkwright in den 70er Jahren des 18. Jahrhunderts die erste Baumwollmanufaktur in Cromford (Derbyshire) gegründet hatte, hatte die Baumwollindustrie einen rasanten Aufschwung genommen. Im Mittelpunkt des Baumwollimperiums lag Manchester. Hier hatten die Kaufleute und Agenten ihre Büros, hier breiteten sich die Manufakturen und die wuchernden Slums, die diese umgaben, aus. Und jedes Jahr wuchs die Produktion an Baumwolle: eine Million Pfund pro Jahr ab 1780, sechs Millionen im Jahre 1800, über 20 Millionen 1820. Genauso wie sich die Produktionsweise in England allmählich änderte, so änderten sich auch die Nach-

53

Reihe von mechanischen Web-stühlen in einer Baumwollfa-brik in Lancashire.

schublinien, auf denen die Rohbaumwolle herangeführt wurde. Anfänglich hatte man die Baumwolle aus dem Mittleren Osten und Indien eingeführt, doch zu Beginn des 19. Jahrhunderts betrat ein neuer Lieferant die Szene: die Südstaaten Nordamerikas. Liverpool, dem Herzen der Baumwollindustrie benachbart und nach Westen, dem Atlantik zu, offen, wurde zum wichtigsten Hafen, der den Verkehr – die Einfuhr von Rohmaterial, die Ausfuhr von Fertigwaren und Garnen – bewältigte. Der Verkehr zwischen Liverpool und Manchester wuchs mit dem wachsenden Handel, und die alten Transportwege reichten nicht mehr aus.

Manchester wurde im 18. Jahrhundert der Geburtsort eines neuen Systems im Verkehrswesen: des Kanalsystems. 1760 begann der Herzog von Bridgewater einen Kanal zu bauen, der seine Gruben in Worsley mit Manchester verband. Später wurde der Kanal bis zum Mersey bei Runcorn ausgebaut. Bridgewater hatte sich auf den Kanalbau verlegt, weil die alten Schiffahrtswege auf den Flüssen immer unwirtschaftlicher geworden waren. Die Eigentümer besaßen das Monopol auf diese Schiffahrtswege und benützten es, die Preise hinaufzutreiben, ohne daß sie ihre Gewinne in notwendige Verbesserungen und Reparaturen investiert hätten. Als bekannt wurde, welche revolutionären Pläne der Herzog verfolgte, nahmen die Monopolisten einen erbitterten Kampf gegen ihn auf, in dem von vornherein zum Scheitern verurteilten Bemühen, ihre Monopole zu retten. Der Herzog indessen baute seinen Kanal und wurde überall beglückwünscht zu seinem erfolgreichen Wagnis, obgleich er mit prophetischem Blick bemerkte, »wir können zufrieden sein, wenn wir uns diese verdammten Eisenbahnen vom Leibe halten können«. Er starb 1803, lebte also nicht lange genug, um zu sehen, ob sich seine Prophezeiung erfüllte.

Um 1820 hatte das Rad der Ereignisse eine volle Umdrehung ausgeführt. Jetzt waren es die Eigentümer der Kanäle, die das Heft in der Hand zu halten versuchten und sich beeilten, die Fehler ihrer Vorgänger zu wiederholen. Wieder stiegen die Preise, und wieder waren die Anlagen hoffnungslos unzureichend. Als diese Situation erstmalig im Parlament zur Sprache kam und von einer neuen Eisenbahn die Rede war, wurden die Mängel des alten Systems von einem Anwalt Mr. Adams kritisch unter die Lupe genommen: Der Kanal zwischen Leeds und Liverpool sei unglaublich teuer; der Bridgewater Kanal und der Mersey Irwell Wasserweg seien die Ursache für erhebliche Verspätungen.

»Es kann gezeigt werden, daß es länger dauert, Güter von Liverpool nach

Vor den Eisenbahnen mußten die Güter auf dem Wasser befördert werden: Lagerhaus am Kanal, Union Street, Manchester.

55

*William James, begeisterter
Befürworter der Liverpool–
Manchester-Strecke.*

Manchester zu transportieren, als sie von Amerika nach Liverpool zu bringen. Es kann gezeigt werden, daß sich dies nicht gelegentlich ereignet, sondern daß es die Regel ist. Güter waren 21 Tage von Amerika nach Liverpool unterwegs, und standen mehr als sechs Wochen am Kai, bevor Beförderungsmittel für sie bereitgestellt wurden.« Auch wenn man die Gewohnheit übereifriger Juristen, zu übertreiben, in Rechnung stellt, ist dies ein harter Vorwurf gegen die Schiffahrtsgesellschaften, aber einer, der augenscheinlich wohl begründet war. Natürlich brachte der wachsende Güterverkehr auch steigenden Personenverkehr mit sich – Kaufleute und Arbeiter reisten beständig auf unzulänglichen Straßen hin und her. Kein Wunder, daß sich Stimmen erhoben, die ein neues Transportsystem sowohl für Güter als auch für Personen forderten.

Es ist recht unklar, wann Eisenbahnen das erstemal als ein brauchbares neues System in Betracht gezogen wurden. Viele Historiker haben als das früheste Datum die Jahre um 1790 angegeben und behauptet, daß damals der berühmteste Kanalbauer seiner Zeit, William Jessop, und der berühmteste Straßenbahningenieur, Benjamin Outram, Vermessungen durchgeführt hätten. Jedoch haben Charles Hadfield und A. W. Skempton in ihrer kürzlich veröffentlichten Biographie Jessops, für die sie die Archive gründlich durchforschten, keinen noch so kleinen Anhaltspunkt gefunden, der diese Version bestätigen würde. Sie vermuten, daß diese Version ihre Entstehung einer übertrieben phantasievollen Abhandlung aus dem Jahre 1901 verdankt. Wenn wir uns an spätere Daten halten, stehen wir auf soliderem Grund.

Thomas Gray, ein begeisterter, aber weithin unbekannter Anhänger der Eisenbahnen im allgemeinen, veröffentlichte 1820 einen Aufsatz, in dem er den Bau einer Eisenbahn vorschlug, jedoch einer Eisenbahn, die nach dem Prinzip Blenkinsops, dem Zahnradprinzip, funktionieren sollte. Ein totgeborenes Kind zu diesem späten Zeitpunkt. Der Aufsatz scheint wenig Aufsehen erregt zu haben. Wesentlich besser erging es da schon dem zweiten Herold, der für die Eisenbahn trommelte: es war William James, ein Mann, dessen Verdienste um die ersten Eisenbahnen oft weit unterschätzt wurden. Geboren zu Henley-in-Arden in Warwickshire, erbte er beträchtliche Reichtümer und große Ländereien in verschiedenen Teilen des Landes. Sein Haupteinkommen ergab sich aus seiner Tätigkeit als Grundstücksmakler – man sprach von ihr als der ausgedehntesten Tätigkeit dieser Art im ganzen Land. Das Einkommen betrug ungefähr 10 000 Pfund pro Jahr. Sein

56

Interesse am Verkehrswesen wurde schon früh geweckt, als er eines Tages Arbeiten am Stratford Kanal inspizierte, und Geld in Verbesserungen am Avon-Schiffahrtsweg anlegte.

Dann verlagerten sich seine Interessen vom Wasser auf die Schiene; die Sache der Eisenbahnen hatte niemals einen eifrigeren Anwalt. Er veröffentlichte Artikel, vermaß Strecken auf eigene Kosten und propagierte seine Ideen bei jedem, bei dem er ein offenes Ohr fand. Seine Begeisterung für die Eisenbahn im allgemeinen wurde noch angefacht durch eine Begegnung mit den Dampflokomotiven, die er 1821 anläßlich eines Treffens mit Stephenson kennenlernte. Jetzt beließ er es nicht nur bei allgemeinen Plädoyers für die Eisenbahn, sondern er hielt spezielle Reden zugunsten der Lokomotiven vom Typus Killingworth. Er vereinbarte mit Stephenson und Losh, für deren Maschinen Propaganda zu machen, und obwohl diese Vereinbarung platzte, als die Zusammenarbeit von Stephenson und Losh ein Ende nahm, blieb James in losem Kontakt mit dem dynamischen Stephenson. Viele Pläne von James verliefen sich im Sand, vor allem weil sie viel zu weit ausholten. Aber 1822 fand er, als er Liverpool besuchte, eben die günstige Gelegenheit, die er für die Gründung eines erfolgreichen Unternehmens brauchte, und eben den Mann, der bereit war, sich seiner Projekte anzunehmen

Joseph Sandars war ein angesehener und reicher Kornhändler in Liverpool und einer der lautesten Kritiker des Kanalsystems. Sandars hörte sich James' Argumente an. Er war bereit, eine Summe zur Vermessung einer künftigen Strecke anzulegen. James stellte ein Vermessungsteam zusammen. Auch Robert Stephenson war mit von der Partie. Er war sicher froh, die Erfahrungen, die er gemacht hatte, als er seinem Vater bei der Vermessung der Stockton Darlington Strecke zur Hand ging, ausbauen zu können. Als jedoch die Arbeiten begannen, mußte er bald feststellen, daß es eine Sache war, in Durham und Northumberland Vermessungsarbeiten durchzuführen, und eine andere, es in Lancashire zu tun.

Die Vermessungstechniker hatten hier in jeder Hinsicht Neuland vor sich. Im Nordosten des Landes war die Bevölkerung sowohl an die Schienenstränge als auch an die eisernen, feuerschnaubenden Ungetüme gewöhnt, die auf ihnen entlangstampften. Für die Menschen Lancashires aber war dies alles neu. Manchem erschien es sogar höchst bedrohlich. Die Landbesitzer und Reichen andererseits wußten nur zu gut, was Eisenbahnen waren und welche Gefahr sie für sie selbst als Aktieninhaber der Kanalgesellschaf-

Die neuen Eisenbahnen, so behaupteten die Gegner, würden allem Straßenverkehr ein Ende machen.

ten darstellten. So sahen sich die Vermessungstrupps zwei Fronten gegenüber: den Großgrundbesitzern, die ihnen Grund und Boden verweigerten, und den Dörflern, die den Pionieren des Fortschritts Abfälle und manchmal auch härtere Geschosse entgegenschleuderten. Es gab zusätzlich sehr fühlbare Schwierigkeiten zu überwinden. Die größte war der weite sumpfige Morast, genannt Chat Moss, der die ungewöhnlichsten Probleme aufwarf. James erfuhr dies als erster am eigenen Leibe, als er eines Tages fast ganz in der schwarzen, zähen Brühe des Sumpfs versank. In mancher Beziehung jedoch entwickelten sich die Dinge recht ermutigend. Sandars gewann eine gute Anzahl hochgestellter Bundesgenossen, einerseits aus dem Bereich der Wirtschaft, andererseits aus dem der lokalen Politik. Zwei von ihnen, George Canning und William Huskisson, wurden zu glühenden Verteidigern der Eisenbahn.

Leider gingen die Vermessungsarbeiten betrüblich langsam voran. Robert Stephenson hatte sich gerade auf eine seiner kurzen Stippvisiten an der Universität begeben, als James sich mit einer ganzen Reihe von Problemen konfrontiert fand. Sein Einsatz für die Eisenbahn hatte dazu geführt, daß er andere Geschäfte vernachlässigte. 1823 wurde sein Schwager in einen Prozeß verwickelt, und der unglückliche Mann mußte den Bankrott erklären.

Das Komitee, das gebildet worden war, um die neue Eisenbahn zu organisieren, ließ James fallen. Ironischerweise, aber vielleicht unvermeidlich, wandten sich die Mitglieder des Komitees jetzt an den Mann, dessen Sache James so energisch betrieben hatte – an George Stephenson. Im Mai 1824 sandte das Komitee eine eilige Botschaft an Edward Pease und bat ihn, die Information weiterzugeben, daß man Stephenson die Stelle des leitenden Ingenieurs übertragen wolle. Gleichzeitig schrieb Sandars an James und informierte ihn über die Veränderungen.

»Ich halte es für richtig, Ihnen mitzuteilen, daß das Komitee Ihren Freund, Herrn G. Stephenson, engagiert hat. Wir erwarten ihn in wenigen Tagen. Die Subskriptionsliste ist jetzt, bei 30 000 Pfund, geschlossen worden. Die Herren aus Manchester haben uns das Management voll und ganz übertragen. Ich bedaure außerordentlich, daß Sie durch Verzögerungen und falsche Versprechungen das Vertrauen der Subskribenten enttäuscht haben. Ich kann es nicht ändern. Ich fürchte, daß Ihnen lediglich der Ruhm bleiben wird, mit den Anfängen dieses Unternehmens verbunden gewesen zu sein. Wenn Sie mir Ihre Pläne und Kostenvoranschläge zuschicken wollen, so

Eine Aktie, links auf der Aktie Liverpool, das jetzt mit Manchester, rechts, verbunden ist.

THE LIVERPOOL AND MANCHESTER RAILWAY COMPANY.

werde ich für Sie tun, was in meinen Kräften steht; ich glaube, ich besitze ebensoviel Einfluß wie jeder andere. Ich bin mir ganz sicher, daß die Ernennung Stephensons unter allen Umständen Ihre Zustimmung finden wird.« Der letzte Satz drückt eine recht merkwürdige Hoffnung aus, die entweder äußerster Naivität oder Wunschdenken entsprungen ist. Denn man konnte doch kaum erwarten, daß James seine eigene Ablösung durch einen Mann mit freundlicher Zustimmung akzeptieren würde, den er bisher eher als Schützling denn als ebenbürtigen Partner betrachtet hatte. James sprach mit Bitterkeit von Stephensons »Doppelspiel«, aber es war nun einmal geschehen. Seine Aktivitäten in Sachen Liverpool Manchester Strecke waren zu Ende – die Initiative war auf Stephenson übergegangen.

Man empfindet, ohne es unterdrücken zu können, Mitgefühl mit James. Die Eisenbahn war sozusagen sein geistiges Kind – jetzt war es ihm genommen worden. Aber die Schuld lag nicht bei Stephenson, auch nicht beim Komitee, sondern in James' eigenem Charakter. Er war ganz deutlich einer jener Männer, die brillante Ideen produzieren, denen es aber an Klarheit und Kraft fehlt, um Dinge bis ins letzte zu durchschauen und durchzuhalten. Die Liverpool Manchester Linie war nicht der einzige derartige Fehlschlag in James' Karriere. Doch hinterließ er auf alle, denen er begegnete, einen nachhaltigen Eindruck. »Ich bin der Ansicht«, schrieb Robert Stephenson, »daß Ihr durchdringender Verstand Sie noch auf die Höhen des Ruhms tragen wird. Ich bin selbst Zeuge der Leistungen dieses Verstandes und kenne Ihre Fähigkeiten, die wir zu bewundern nicht aufhören werden.« James sollte tatsächlich noch seine Triumphe feiern, aber der größte Triumph blieb ihm versagt.

George Stephenson begab sich also im Juni 1824 nach Liverpool, um von dort aus die projektierte Strecke neu zu vermessen. Er sah sich dabei bald vor denselben Schwierigkeiten wie William James. Die Gegner, als sie spürten, daß die Sympathien für das Projekt wuchsen, zeigten noch größere Entschiedenheit. Bradshaw, Anteilseigner bei Bridgewater, war ihr Anführer. Stephenson legte seine Probleme in einem Brief vom Oktober 1824 dar: »Wir haben wenig Freude mit Lord Derby, Lord Sefton und Bradshaw, dem großen Kanal-Eigentümer, deren Ländereien wir mit unserer Eisenbahn durchschneiden. Sie blockieren den Zugang zu ihrem Grund und Boden überall, um uns an den Vermessungsarbeiten zu hindern. Bradshaw schießt nachts mit Gewehren auf seinem Gelände herum. Er will die Vermessungstrupps davon abhalten, heimlich des Nachts zu kommen. Nächste Woche

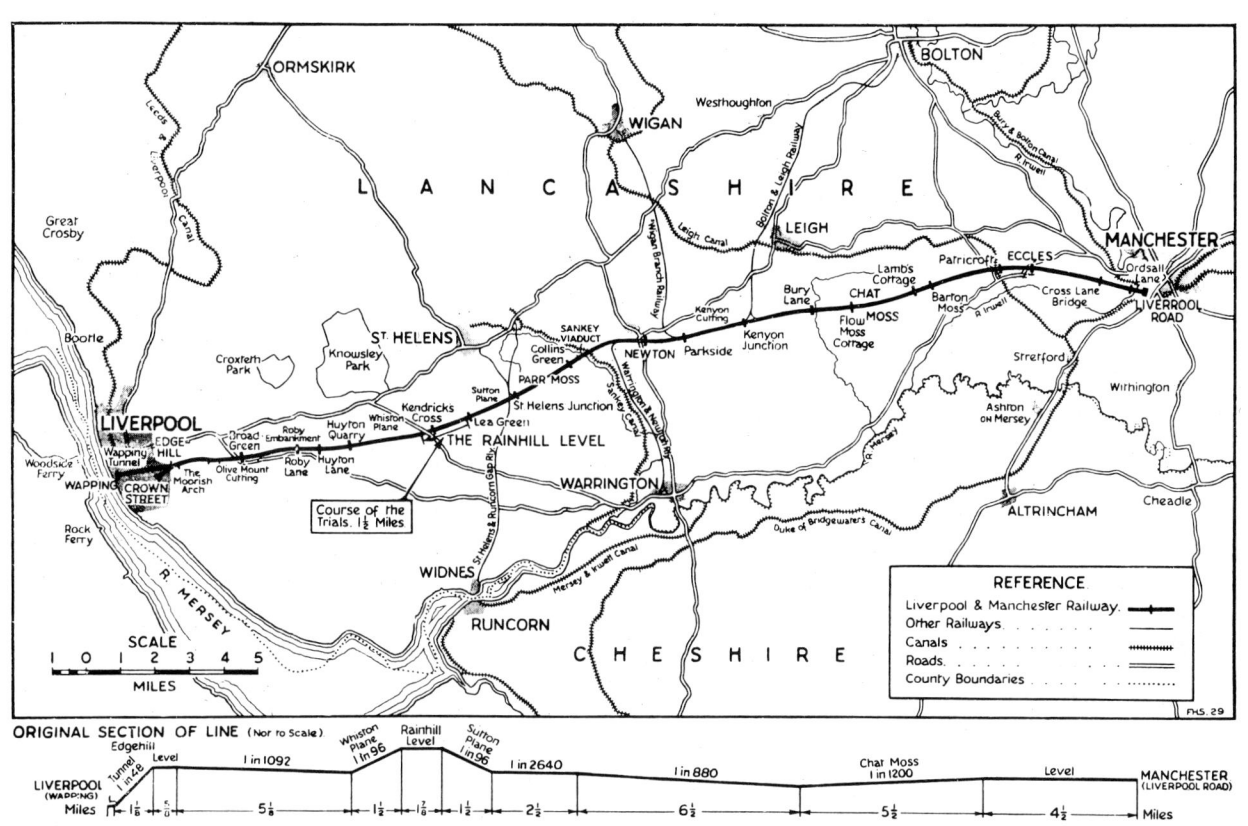

Karte der Strecke. Unten Profil, das die Gefällstrecken zeigt.

soll ein großer Aufmarsch stattfinden. Die Liverpool-Eisenbahn-Gesellschaft ist entschlossen, wenn nötig mit Gewalt die Strecke zu vermessen – Lord Sefton hat angekündigt, er werde hundert Mann gegen uns aufbieten – die Gesellschaft ist der Ansicht, daß diese Rabauken kein Recht haben, die Vermessungsarbeiten zu sabotieren.«

Alles höchst explosive und aufregende Ereignisse – wenig geeignet, eine sorgfältige und genaue Vermessung zu begünstigen. Und während dieser ganzen Zeit stand Stephenson noch unter dem Druck des Komitees, seine Aufgabe in der vorgesehenen Zeit zu erfüllen. Man wünschte, in der nächsten Parlamentssession eine Eingabe an das Parlament zu machen. Provisorische Vermessungen wurden durchgeführt, flüchtige Kalkulationen angestellt. Alles geschah in größter Hast. Das Eisenbahnkomitee beauftragte

61

William Cubitt, einen berühmten Ingenieur, eilig einige Stichproben zu machen. Das Ergebnis war, daß in letzter Minute eine Anzahl von Korrekturen angebracht werden mußten. Immerhin kam die Eingabe an das Parlament rechtzeitig zustande und wurde an einen Ausschuß verwiesen. Selbst in ihrer recht flüchtigen Form hätte sie den Ausschuß vielleicht passiert, wenn nicht Fachleute der Gegenseite zur Stelle gewesen wären, die Einwände vortrugen. Die Kanal-Gesellschaften hatten gut vorgearbeitet.

Zunächst verlief die Auseinandersetzung vor dem Parlamentsausschuß nicht ungewöhnlich. Auf der einen Seite die Eisenbahngesellschaft, die die Mängel der alten Kanäle beklagte; auf der anderen die Kanal-Unternehmer, die versuchten, die Qualität der Kanäle unter Beweis zu stellen, und Ach und Weh schrien. Setzt man für Eisenbahn Kanal und für Kanal Flußschifffahrt, so ergibt sich eine Konstellation, die den Veteranen hunderter von Parlamentsschlachten um die Kanäle schmerzlich bekannt vorgekommen sein muß. Die Szene wurde höchst dramatisch, als George Stephenson aufgerufen wurde, den Befragern Rede und Antwort zu stehen. Das erste Hearing allerdings bereitete dem Ingenieur so gut wie keine Schwierigkeiten. Es bezog sich ausschließlich auf die längst allgemein anerkannten Leistungen seiner Lokomotiven. Doch dann wandte sich die Befragung einer detaillierten Prüfung jenes eilig zusammengestoppelten Vermessungspapiers zu. Stephensons Unkenntnis der Einzelheiten wurde rücksichtslos von Alderson, dem Anwalt der Kanalinteressen, ausgenützt. Noch über 150 Jahre spä-

Einheimische Landbesitzer waren nicht begeistert von der Aussicht, Lokomotiven durch ihre Parks dampfen zu sehen.

ter liest man die Protokolle des Ausschusses aus dem Jahre 1825 mit Anteilnahme und ist bestürzt, wie Stephenson systematisch in die Mangel genommen wurde. Alderson in voller Aktion: »Wollen wir doch ein bißchen genauer in die Materie einsteigen. Herr Stephenson spricht von einer Brücke bei Lawton, die 365 Pfund kosten soll. Wie hoch wird sie werden? Er weiß es nicht. Wieviel wird der Meter kosten? Er hat sich keine Meinung gebildet. Sind das die Unterlagen, auf Grund welcher der Ausschuß des Hohen Hauses seine Entscheidung treffen will? Wenn er uns die Kosten pro Meter nennen würde, könnten wir die Höhe berechnen. Wenn er uns aber weder das eine noch das andere mitteilen kann, so sitzt er in der Falle, und ich werde ihn nicht herausholen. Entweder ist er ein Ignorant, oder etwas anderes, Schlimmeres, was ich lieber nicht aussprechen will.«
Es kam noch schlimmer. Stephenson gab die Höhe einer Brücke über den Irwell mit vier bis fünf Metern an – das hätte bedeutet, daß man den Fluß nur bei Niedrigwasser noch hätte befahren können und daß bei Hochwasser die ganze Brücke überflutet worden wäre.
»Hat sich Ignoranz jemals derart bodenlos dargestellt wie hier vor unseren Augen? Hat sich Ignoranz jemals solche Blößen gegeben wie hier? Ist Herr Stephenson wirklich der Mann, auf dessen Zuverlässigkeit hin der Ausschuß die Eingabe passieren lassen kann, eine Eingabe, von der doch immerhin Vermögenswerte von 400 000 bis 500 000 Pfund abhängen? Ist Herr Stephenson tatsächlich der geeignete Mann, wo er doch sein Metier so wenig beherrscht, daß er vorschlägt, eine Brücke zu bauen, die so niedrig ist, daß Hochwasser sie garantiert überfluten würde, daß Schiffe unter ihr nicht hindurchfahren können, die eben leider unter ihr hindurchfahren müssen, und daß seine eigene Eisenbahn bei Hochwasser mehrere Meter unter Wasser würde fahren müssen?«
Die schwersten Mängel, die man entdeckte und schadenfroh dem allgemeinen Verriß preisgab, waren diejenigen, die sich im wichtigsten Bereich der Vermessungstätigkeit, in der Feststellung von Höhenunterschieden, zeigten. Viel zu viel war bloßen Hilfskräften überlassen worden, zuviele Ungenauigkeiten waren vorgekommen, zu wenige Kontrollen waren durchgeführt worden. Im weiteren Verlauf der Befragung rief Anderson aus: »Ich staune, daß ein Mann, der in diese Schranken zu treten gewagt hat, derartige Behauptungen von sich geben kann, ohne in ein Nichts zusammenzuschrumpfen.« Wie sehr muß Stephenson in diesem Moment gewünscht haben, daß er es könnte! Wieder einmal war er das Opfer der »Londoner Ex-

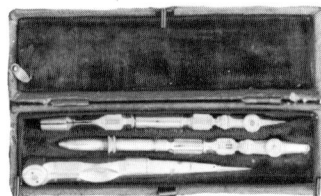

George Stephensons Werkzeuge: einfache Stechzirkel und Lineal, wie sie bei der Vermessung der Liverpool–Manchester Strecke verwendet wurden.

perten« geworden. Aber diesmal gab es nicht nur keine ihm wohlgesonnenen Leute aus dem Nordosten, die ihm den Rücken stärkten, sondern er mußte auch zugeben, daß die etablierten Wissenschaftler im Recht, und er im Unrecht war.

Angesichts des Debakels von Stephenson war nur ein Ergebnis möglich: Die Eingabe wurde abgelehnt. Das Liverpool-Manchester-Komitee war ebenso deprimiert wie seine Gegner triumphierten. Und da die Eingabe nun einmal abgelehnt worden war, wurde der arme Ingenieur gleich mitgefeuert und konnte sie sich zu Hause einrahmen. Wenn es irgendwann einen zweiten Versuch geben sollte, dann wollte man jedenfalls nicht diesen Ex-Bergmann mit der schweren Zunge und dem lächerlichen Akzent vor den Parlamentsschranken sehen. Wirklich, man kann ihnen keinen Vorwurf machen: Stephenson hatte aus sich einen Narren machen lassen, weil er, das erstemal in seinem Leben, sich selbst wie ein Narr verhalten hatte, indem er eine Arbeit anderen anvertraute, die er selbst hätte durchführen müssen.

Ein Mann schwächeren Charakters hätte es wie James gemacht und hätte sich von der Bühne der Eisenbahnereignisse davongestohlen. Was auch immer jedoch die Fehler Stephensons gewesen sein mögen – der Vorwurf der Charakterschwäche kann ihm nicht gemacht werden. Aber es war schon eine demütigende Erfahrung, die er hatte machen müssen und die jetzt in seiner Familie und seinem Freundeskreis durchgesprochen wurde. George beklagte sich bitter darüber, wie man ihn behandelt hatte, wie er ins Kreuzverhör genommen worden war »von acht oder zehn Rechtsverdrehern, die es darauf anlegten, mich aus dem Konzept zu bringen«. Sie hatten sich über seinen Geordie-Akzent lustig gemacht: »Ein Mitglied des Ausschusses fragte mich, ob ich Ausländer sei, und ein anderer machte die Andeutung, ich sei nicht ganz richtig im Kopf.« Zahlreiche Briefe gingen an Robert in Südamerika. Sie stellten ihm dringend die Notwendigkeit seiner Rückkehr in die Forth Street Werke, in denen wegen schlechten Managements alles drunter und drüber ging, vor Augen. Longridge arbeitete mit allen Mitteln und beschwor Robert mit persönlichen Argumenten: »Ich erwarte mit größter Unruhe Ihre Rückkehr. Sie werden Ihren Vater und Ihren Freund sehr gealtert vorfinden im Vergleich zu damals, als Sie uns verließen.« Ende 1825 antwortete Robert Longridge, daß er die Nachricht von dem Fiasko der Eingabe empfangen habe.

»Der Fehlschlag der Liverpool-Manchester-Eingabe wird, wie ich befürchte, die Entwicklung in diesem Bereich merklich zurückwerfen. Aber es ist sicher, daß sie sich doch eines Tages durchsetzen wird. Es ist sehr zu bedauern, daß mein Vater die Vermessung der Niveaus jungen Leuten ohne die erforderliche Qualifikation überließ.«

Natürlich war das sehr bedauerlich. Aber Robert mußte sich eingestehen, daß seine eigene Abwesenheit keinen geringen Einfluß auf die Katastrophe gehabt hatte.

Die Angelegenheiten in England gingen anscheinend schlecht – noch schlechter aber standen die Aktien Roberts in Südamerika. Es gab keinen Krug voll Gold, auch nicht voll Silber, am Ende des kolumbianischen Regenbogens. Es gab nur betrunkene und streitsüchtige Bergleute, Ärger und Unbequemlichkeiten. Inmitten all dieser betrüblichen Ereignisse war die Eröffnung der Stockton Darlington Linie der einzige Lichtblick. Sie wenigstens stellte überzeugend unter Beweis, daß Stephenson über die Fähigkeit, eine Eisenbahn und Lokomotiven zu bauen, verfügte.

Wie eine ironische Fußnote zu den Geschehnissen um die erste Eingabe an das Parlament wirkt das folgende:

Unter den angesehenen und würdigen Fachleuten, die Einwände gegen Stephensons Unterlagen und sein Projekt einer öffentlichen Eisenbahn gemacht hatten, befand sich auch einer namens Francis Giles. Auch er hatte sich über die Pläne lustig gemacht, die sich später doch im wesentlichen als wohl durchdacht und praktikabel herausstellten, aber 1829 ging er selbst zum Eisenbahnbau über und leistete rühmliche Arbeit. Er wurde zum leitenden Ingenieur für die Newcastle Carlisle Strecke ernannt. Wahrscheinlich beglückwünschte sich das Komitee dazu, eine höchst vernünftige Wahl getroffen zu haben, indem es Giles einem jüngeren Mann mit sehr wenig Erfahrung in diesem Bereich vorzog: Isambard Kingdom Brunel[1].

Nunmehr sah sich das Liverpool-Manchester Komitee gezwungen, einen neuen Anlauf zu nehmen. Sie wandten sich an George und John Rennie, Söhne des berühmten Kanal- und Brückenbauers. Die Rennies waren nicht nur fähige und erfolgreiche Ingenieure, sondern auch wohlerfahren im parlamentarischen Spiel. Sie hatten, wie ihr Vater, schon manch eine Eingabe durchgebracht. Sie erklärten sich bereit, neue Vermessungen durchzuführen, und vertrauten den Hauptteil der Arbeit einem jungen Ingenieur an, Charles Vignoles, der eine wichtige Rolle im Rainhill-Drama spielen sollte. Vignoles entstammte einer vornehmen Offiziersfamilie, ursprünglich huge-

[1]Isambard Kingdom Brunel, 1806–1859, baute Eisenbahnen, riesige Schiffe und Tunnels. Er gilt in England als Prototyp des dynamischen erfindungsreichen, »faustischen« Ingenieurs.

65

Arbeitslose Pferde, die versuchen, sich ihren Lebensunterhalt im neuen Eisenbahnzeitalter zu verdienen.

nottischer Herkunft, und hatte seine Laufbahn als Armeeoffizier begonnen. Später erwarb er sich große Erfahrungen im technischen Bereich, insbesondere bei Verbesserungs- und Instandsetzungsarbeiten am Oxfordkanal. Er war erst 32 Jahre alt. Insofern bedeutete die Übernahme eines wichtigen Parts in einem Unternehmen wie der Liverpool Manchester Strecke einen großen Aufstieg für ihn. Seine Bezahlung von vier Guineen am Tag setzte sich zusammen aus einer Guinee, die die Gesellschaft, und 3 Guineen, die die Rennies aufbrachten. Er galt als der Mann der Rennies.

Sie und Vignoles schlugen beträchtliche Abweichungen von der ursprünglich geplanten Linie vor. Einige Änderungen nahm man vor, um die Ländereien der lautstärksten Gegner zu umgehen; andere, um eine direktere Linienführung zu erreichen. Schwierige Aufgaben mußten am Liverpooler Ende der Strecke gelöst werden: unter anderem war eine tiefe Schneise durch einen Felsen bei Olive Mount zu legen und ein Tunnel zu den Hafenanlagen zu graben. Die Pläne für die Änderungen kamen offensichtlich von Vignoles. Doch ist die Behauptung seines Biographen, daß er der erste gewesen sei, der eine Route durch Chat Moss vorschlug, Unsinn. Diese Behauptung stützt sich auf einen Eintrag in Vignoles' Tagebuch vom 24. Juli 1825: »Niveauunterschiede von Chat Moss und dem Irwell Fluß bis Lostock, insgesamt über 11 km, vermessen.« Aber es muß festgehalten werden, daß die Vermessungsingenieure dabei blieben, Chat Moss zu überqueren, obwohl die Absicht, Schienen über diesen tückischen Sumpf zu legen, beim ersten Hearing nichts als Hohn und Spott geerntet hatte.

Vignoles und die Rennies leisteten gute Arbeit. Es gab keine Fehler, auf die sie ein Anwalt vor dem Parlamentsausschuß, vor den auch sie zitiert wurden, hätte festnageln können: die Gegner wurden zum Schweigen gebracht. Daß Lokomotiven auf der Strecke zum Einsatz kommen sollten, spielte man herunter. Schon der Titel der zweiten Eingabe »Bau und Betrieb einer Eisen- und Straßenbahn« ließ etwas Ähnliches wie die alten mit Pferden betriebenen Strecken vermuten. Natürlich würde man später tatsächlich Lokomotiven verwenden. Aber die sensiblen Liverpooler würden von diesen gefährlichen technischen Ungeheuern verschont bleiben; man würde die Lokomotiven aus der Stadt verbannen. Die Eingabe wurde durchgebracht und wurde ohne viel Aufhebens, allerdings mit einigem finanziellen Aufwand, Gesetz. Die Schmiergelder waren jedoch gut angelegt. Denn endlich konnte jetzt die Arbeit beginnen. Die Subskribenten gründeten die Liverpool-Manchester-Eisenbahngesellschaft. Selbstverständlich boten sie den neuen erfolgreichen Ingenieuren an, die Strecke, die sie vermessen hatten, nun auch zu bauen. Die Rennies zögerten eine Weile und schlugen dann vor, daß George Rennie diese Aufgabe für 600 Pfund pro Jahr übernehmen sollte. Während dieses Jahres würde man ihm einen »ausführenden Ingenieur« zur Seite stellen. Die Direktoren brachten für diesen Posten zwei Namen ins Spiel: George Stephenson und J. U. Rastrick. Der Gedanke aber, daß George Stephenson als ihr Assistent arbeiten sollte, machte die Rennies schaudern – sie lehnten ihn ab. George Rennie weigerte sich jedoch

John Rastrick. Er erstellte Gutachten, die stationäre Maschinen an den Eisenbahnstrecken befürworteten.

67

Charles Vignoles, der glänzen-
de junge Ingenieur, der bei
George Stephenson in Ungnade
fiel.

auch, Rastrick zu akzeptieren. Hier aber hatte er weit weniger den Schein der Vernunft für sich. Denn Rastrick war ein bewährter Mann. Es gab keinen Grund für die Befürchtung, daß er irgendwelche Schwierigkeiten machen würde. Der junge Rennie bewies eben, daß er eine weit übertriebene Vorstellung von seiner eigenen Bedeutung hatte. »Er würde natürlich nicht«, so formulierten die Protokolle, »gegen Herrn Jessop, Herrn Telford, oder ein anderes Mitglied des Verbandes der Ingenieure sein.« Das wäre nun freilich auch absurd gewesen. Denn schwerlich konnte man einen besseren Ingenieur finden als Telford, und auch Josias Jessop, Sohn eines berühmten Vaters, hatte schon bewiesen, daß er dem jungen Rennie zumindest ebenbürtig war. Die Rennies glaubten, der Gesellschaft diktieren zu können. Die Bedingungen, die sie stellten, sprachen jeder Vernunft Hohn. Der Schwanz versuchte mit dem Hund zu wackeln, aber dadurch kam der Hund nicht weiter. Eine andere Lösung mußte gefunden werden. Inzwischen versah Vignoles die Aufgaben des leitenden Ingenieurs.

Nachdem Rastricks Bedingungen geprüft und er zurückgewiesen worden war, wurde Josias Jessop, statt als Rennies Assistent angestellt zu werden, zum beratenden Ingenieur ernannt. Reumütig holte man dann George Stephenson zurück und zwar als ausführenden Ingenieur. Er sollte neun Monate im Jahr mit einem Gehalt von 800 Pfund an dem Projekt arbeiten. Die Rennies hatten sich kategorisch geweigert, Stephenson zu beschäftigen. Jessop entdeckte bald, daß sie damit in einer bestimmten Hinsicht sehr klug gehandelt hatten. Denn schon bei ihrer ersten Zusammenkunft gerieten die beiden über den Verlauf der Strecke in Streit, und obwohl Jessop theoretisch die Position des Vorgesetzten einnahm, fand er zu seinem Kummer heraus, daß die Gesellschaft Stephenson den Rücken stärkte. Der Mann aus Northumberland hatte offensichtlich hochgestellte Gönner. Wie das ungleiche Gespann gearbeitet hätte, konnte sich jedoch nicht herausstellen. Denn wenig später starb Jessop. Stephenson engagierte nun einen Mann seiner eigenen Wahl, Joseph Locke, der das östliche Ende der Strecke übernehmen sollte. Jetzt war Stephenson wieder in einer Position, die er sich immer gewünscht hatte: er kontrollierte effektiv das ganze Unternehmen und wurde von ihm ergebenen Leuten unterstützt.

Nur noch Vignoles war aus der kurzen Herrschaftsperiode der Rennies übrig. Die Zusammenarbeit zwischen ihm und Stephenson stand von Anfang an unter einem Unstern. Ersterer hatte versucht, seinen Wert ins rechte Licht zu rücken, indem er einen Empfehlungsbrief von einem befreundeten Fachgelehrten, Edward Riddle, Professor für Mathematik an der Marineakademie in Greenwich, vorwies. Er konnte freilich nicht wissen, wie Stephenson eine Empfehlung von einem »Londoner Gelehrten« aufnehmen würde. Die Beziehungen, die so schlecht begonnen hatten, wurden rasch noch schlechter. Ein Fehler in den Berechnungen beim Tunnel in der Nähe von Liverpool war der Anlaß, den Stephenson brauchte, um Vignoles zu kündigen. In einem langen Brief an Riddle, der das Datum des 14. Januar 1827 trägt, gab Vignoles seine eigene Version der Ereignisse. Der Brief ist es wert, daß man ihn länger zitiert.

»Ich will mit der Beschreibung meiner Verbindung zu Herrn Stephenson beginnen. Nachdem die Zustimmung des Königs zu der Eisenbahnverordnung erfolgt war, wurde ich in eine völlig unabhängige Stellung berufen, um mit den Arbeiten einen Anfang zu machen. Zunächst vermaß ich die Strecke im Gelände, dann projektierte ich die Entwässerungsanlagen in Chat Moss. Im Juni stellte Herr Rennie, der zuvor Ingenieur der Gesellschaft gewesen war und sich stets nachdrücklich geweigert hatte, Herrn Stephensons Rat einzuholen oder in irgendeiner Hinsicht mit ihm gemeinsame Sache zu machen, seinen Platz zur Verfügung, und zwar deshalb, weil die Direktoren die Zusammenarbeit mit Herrn Stephenson zu einer conditio sine qua non erklärt hatten. Herr Stephenson wurde in den ersten Tagen des Juli 1826 wieder zum leitenden Ingenieur ernannt, und als er nach Liverpool kam, fand er mich als den einzigen aktiven Ingenieur vor.

Kurz darauf unterbreitete ich ihm Ihren Brief. Er muß, wie ich aus seiner unmittelbaren Reaktion schloß, tödlich verletzt worden sein. Ihre freundlichen Empfehlungen legte er so aus, daß er mit mir als seinem *Partner* statt als seinem *Assistenten* zusammenarbeiten sollte.

Herr Josias Jessop, der kürzlich verstorben ist, wurde wenig später zum beratenden Ingenieur berufen. In vielen Punkten war er absolut anderer Meinung als Herr Stephenson. Dies war ein weiterer Anlaß für Herrn Stephenson, sich verletzt zu fühlen. Ich gestehe, daß auch ich bei vielen Gelegenheiten mit ihm uneins war (wie übrigens auch alle anderen Ingenieure). Denn ich hatte den Eindruck, daß er das Unternehmen nicht mit freizügigem und offenem Blick, sondern höchst pedantisch leitete. Er legte zu großen Wert auf Details und sparte an allen Ecken und Enden, was vielleicht in einer privaten Grube angängig sein mag oder in einer kleinen Fabrik, aber völlig unangemessen ist bei einer Unternehmung im nationalen Maßstab wie hier.

69

Ferner bekenne ich mich schuldig, Herrn Stephensons Gunst verscherzt zu haben, indem ich es versäumte, alle anderen Ingenieure, besonders die aus London, abzuwerten. Wenn ich auch seine außergewöhnliche Begabung anerkenne, so konnte ich doch meine Augen vor gewissen Fehlern nicht verschließen. Alle diese Umstände ließen schließlich auf seiner Seite ein hartnäckiges Mißtrauen gegen mich entstehen, das er bei jeder Gelegenheit zum Ausdruck brachte, besonders dann, wenn sich zeigte, daß mir manche unwichtigen Kenntnisse praktischer Details fehlten, die ihm auf Grund seiner Erfahrungen ganz selbstverständlich zu Gebote stehen.

Ich gehe nun dazu über, auf seine Anschuldigungen zu antworten. Es ist richtig, daß es einen Fehler in den Tunnelberechnungen gab, und daß ich diesen Fehler machte, aber es war ein Fehler, den man leicht ohne Mühe oder Kosten hätte beseitigen können; und es war ein Fehler, der nicht entstanden wäre, wenn ich hier allein gearbeitet hätte.«

Wenn man diesen Brief liest, ist nicht schwer zu sehen, wie der Konflikt sich entwickelte, und man glaubt gern, daß der Brief die Situation wahrheitsgetreu wiedergibt: Auf der einen Seite der mißtrauische Stephenson, auf der anderen der kultivierte junge Mann, dessen innere Überlegenheit aus dem Brief klar hervorgeht, erst recht, wenn man seine Enttäuschung in Rechnung stellt. Darüber hinaus wird das Urteil, daß Stephenson in der Tat gegen Vignoles höchst voreingenommen war, durch einen Brief bestätigt, den er selbst an Robert schrieb und den Professor Simmons von der Leicester Universität entziffert hat: »Man sagte, daß Renney einige der besten Vermessungsingenieure bei sich hatte. Ich hatte das Gefühl, daß vile unserer Direktoren ihn als Aufpaßer für mich angestellt hatten. Ich schickte ihn los, er sollte den Tunnel vermeßen und die verschiedenen Schächte markieren, wonach ich eine Metote fand, seine Arbeit zu überprüfen, und fand einen Schacht außerhalb der Linie ... damit hatte Renny ausgespilt.«

Vignoles hatte wenigstens die Genugtuung, daß er mit dem Wohlwollen der Direktoren ausschied. Sie gaben ihm zu verstehen, so erzählte er, wie sehr sie es bedauerten, daß »der kantige Charakter Herrn Stephensons« ihn gezwungen habe, seinen Abschied zu nehmen. Das Zwischenspiel in Liverpool schadete seiner Laufbahn allerdings wenig. Er sollte sich später als Eisenbahningenieur in vielen Teilen der Welt, von Brasilien bis Rußland, auszeichnen. Er würde auch eines Tages noch einmal für die Liverpool Manchester Strecke eine kleine Arbeit übernehmen, aber für den Augenblick lag alles in der Hand Stephensons. Das große Werk hatte begonnen.

5. KAPITEL

Der Bau der Strecke

Das Liverpool-Manchester-Unternehmen stellte Anforderungen an die Ingenieurkunst, wie sie bisher unerhört waren. Es war bestimmt die größte Herausforderung, der Stephenson sich jemals gegenüber sah. Am Liverpooler Ende mußten drei Tunnels unter der Stadt und der 63 Meter lange Durchstich beim Olive Mount, durch härtesten Sandstein, gemeistert werden. Aufschüttungen waren durchzuführen, unter anderem ein fast zwei Kilometer langer Damm bei Roby, der das Tal des Dilton Baches durchquerte. Ein riesiger Viadukt sollte den Sankey Fluß überbrücken. Die Aussicht auf diesen prachtvollen Bau über ihren Schiffahrtsweg wird freilich kaum dazu beigetragen haben, die Eigner der Schiffahrtslinien zu beschwichtigen, die den Kampf um das Eisenbahnprojekt verloren hatten.
Ein etwas kleinerer Viadukt sollte den Bridgewater Kanal überspannen.

Emsige Arbeit am Eingang zum Liverpool Tunnel.

Stephenson entschloß sich ferner, zwei »schiefe Ebenen«, d. h. Gefällabschnitte in der Mitte der Strecke einzubauen, allerdings von sehr geringer Steigung. Schließlich galt es noch eine über drei Kilometer lange Schneise bei Newton-le-Willows anzulegen; der herausgegrabene Schutt sollte für einen Damm verwendet werden, der sich an die Schneise anschloß. Insgesamt waren 63 Brücken und Unterführungen auf der ganzen Strecke zu errichten, eine davon bei Rainhill, die die Gleise in einem schiefen Winkel überqueren sollte. Gerade diese Konstruktion, so wird berichtet, bereitete Stephenson größtes Kopfzerbrechen, und da er selbst unfähig war, sich einen solchen Bau vorzustellen, mußte er sich mittels einer Rübe ein Modell anfertigen. Das klingt unwahrscheinlich: es gab längst schräge Brücken über die Kanäle. Stephenson hätte nur einen kleinen Abstecher zum nahegelegenen Lancaster Kanal machen müssen, um einige gute Beispiele zu finden. Das größte Hindernis von allen war: Chat Moss. Es warf eine entmutigende Menge von technischen Problemen auf. Stephenson standen erprobte Männer zur Seite. Mit Joseph Locke arbeitete er schon lange zusammen; dazu kamen John Dixon aus Darlington und William Allcard, und Thomas Gooch wurde als Betriebsdirektor engagiert. Keine Spur war von den kultivierten Eierköpfen geblieben, denen Stephenson mißtraute und die ihn zur Weißglut bringen konnten. Mit seinen Landsleuten, den

Der Eingang zum Bahnhof Liverpool, fast fertiggestellt.

72

Geordies, kam er gut aus. Bei den anderen hatte er immer das Gefühl, er müßte sich ihnen wenigstens als ebenbürtig erweisen. Stephenson und seine Adjutanten hatten nun das Kommando über eine Armee von Navvies, die herbeiströmten, um zu arbeiten, erfahrene, ungewöhnlich leistungsfähige Leute.

Einer der größten Unternehmer, der Navvies bschäftigte, schätzte, daß ein erfahrener Navvy pro Tag vielleicht 20 Tonnen Erde bewegen konnte. Das ist beträchtlich mehr, als es eine frühere Schätzung für Kanal-Navvies angibt, die von ungefähr 16 Tonnen spricht. Obgleich beide Schätzungen nur annähernd genau sind, können wir ziemlich sicher sein, daß der vollbeschäftigte Navvy zu Wunderleistungen fähig war. Die Navvies hatten ihr Metier beim Kanalbau gelernt; aber Stephenson verwarf aus Gründen, die nicht ganz einsichtig sind, die organisatorischen Methoden, die von den Kanalingenieuren entwickelt worden waren, obwohl er sich bei der Stockton Darlington Linie ihrer bedient hatte.

Bei den ganz frühen Kanalbauten waren die Navvies direkt von den Gesellschaften angestellt worden; diese Methode wurde aber bald durch das Kontraktsystem ersetzt. Die Agentur mußte sich verpflichten, einen bestimmten Abschnitt der Strecke zu einem vereinbarten Preis zu betreuen. Sie hatte Männer anzuwerben und zu bezahlen und mußte die ganze erforderliche Ausstattung bereitstellen: Pickel, Spaten, Schaufeln und ähnliches; größere Anschaffungen wie etwa Pumpmaschinen waren Sache der Gesellschaft. Das bedeutete, daß der Ingenieur von der Aufgabe entlastet war, direkte Kontrolle über viele hundert rauhe, händelsüchtige und streikwütige Männer auszuüben. Auf der anderen Seite waren die Ingenieure auf die Agenturen in einem Ausmaß angewiesen, das unter Umständen recht lästig werden konnte. Das gewichtigste Argument gegen das System der direkten Anwerbung war, daß es der Ausbeutung durch skrupellose Ingenieure Tür und Tor öffnete. Jedoch war es eben dieses System der direkten Anwerbung, zu dem Stephenson beim Bau der Liverpool Manchester Strecke zurückkehrte.

Thomas Telford hatte 1828 den Auftrag erhalten, die Arbeiten an der Strecke zu inspizieren und dem Parlament Bericht zu erstatten, da die Gesellschaft eine Staatsanleihe auflegen wollte. Er sandte seinen Mitarbeiter James Mill. Dieser berichtete über das Anwerbesystem voller Entsetzen. Welcher Sinn lag denn in den unterschiedlichen Lohnniveaus für unterschiedliche Gruppen? Mill gewann außerdem den Eindruck, daß die Ge-

73

sellschaft unnötigen Aufwand betrieb, indem sie wohl oder übel für alle Werkzeuge und Einrichtungen aufkommen mußte. Er beschrieb die Arbeitsorganisation, wie sie sich unter der Leitung von Stephensons drei wichtigsten Mitarbeitern darstellte, folgendermaßen:

»Jeder von ihnen beschäftigt 200 Arbeiter und entlohnt sie als Arbeiter der *Gesellschaft* alle vierzehn Tage für den Bau provisorischer Straßen, die Verlegung von Schwellen, die Herstellung von Schubkarren, das Eintreiben von Pfählen – kurz für jede Tätigkeit mit Ausnahme des Beladens von Wägen und Karren mit Schutt. Dies obliegt nämlich einer anderen Gruppe von Männern, die auch unter der direkten Leitung der Gesellschaft stehen und denen 10–15 Schillinge pro Meter gezahlt werden, je nachdem man es für angemessen hält.«

Es war ein System, welches völlig unbefriedigend war. Entweder spiegelt es Stephensons Entschlossenheit, nach seinen Rückschlägen jetzt alles unter Kontrolle zu halten, oder es ist das Ergebnis von Versuchen seiner Geschäftspartner, so viel wie möglich aus ihm herauszupressen. Es gibt keine Möglichkeit, festzustellen, welches die richtige Erklärung ist. Wie auch immer – über den Fortschritt der Arbeiten wissen wir gut Bescheid.

Freilich ist »Fortschritt« nicht immer ganz das richtige Wort in diesem Zusammenhang, vor allem wenn man es darauf anwendet, was in Chat Moss vor sich ging. Bei Chat Moss handelte es sich um etwa 40 Quadratkilometer Torfmoor, von dem die Einheimischen sagten, daß es unergründlich war. Das stimmte natürlich nicht ganz. Es bestand aus schwarzfeuchter, zäher Erde, die auf Tonschichten aufruhte; dazwischen gab es Stellen, an denen man bis zu sieben Meter in die Tiefe gehen mußte, um auf festen Grund zu stoßen. Die einheimischen Bauern befestigten Holzbretter an den Hufen ihrer Rinder, um sie vor dem Einsinken zu bewahren, wenn sie sich aufs Moor verirrten. Diese Methode wurde von den Navvies übernommen. Wie notwendig solche Vorkehrungen waren, zeigte sich dramatisch im Falle John Dixons, als er dem tückischen Sumpf seinen ersten Besuch abstattete. Er rutschte auf einer der Bohlen aus, die als Fußpfad dienten, und versank sofort im Schlamm. Es wäre böse ausgegangen, wenn er nicht von den Navvies aufs Trockene gezogen worden wäre.

Kein guter Start für ihn! Es kostete eine Menge Überredungskünste, bis man ihn so weit hatte, daß er sich wieder an die Arbeit machen wollte. – Das also war Chat Moss, und irgendwie mußte die Bahn hinübergeführt werden.

74

Die fertiggestellte Strecke über die weite Einöde von Chat Moss.

Dazu bedurfte es härtester, zeitraubender Anstregungen. Die erste Maßnahme bestand im Graben von Entwässerungslöchern. Ebensoschnell, wie man sie grub, drang das Sumpfwasser ein und füllte sie wieder. Das System wurde vervollständigt, indem man die Löcher mit einer Röhre verband und an beiden Enden Tonnen ohne Boden anbrachte. Die ersten Versuche, einen festen Weg über den Morast anzulegen, waren entmutigend. Schutt, den man auf die Sumpfoberfläche schüttete, verschwand spurlos. Stephenson kam schließlich auf eine geniale Lösung, die ihm der Sumpf selbst eingegeben haben mußte. Die zähen, primitiven Gewächse, die auf dem Moorboden gediehen, machten irgendwie den Eindruck von winzigen Flößen auf einem dunklen See. Stephenson kam auf die Idee, eine Art Floß zu bauen. Wenn eine schwimmende Masse in sich vollkommen fest ist, muß sich irgendwann ein Gleichgewichtszustand einstellen. Viele hielten dies für eine reichlich verwegene Idee, aber Stephenson ließ sich nicht irre machen und häufte Heidekraut und Buschwerk auf den Sumpf, bis seine Ansicht bestätigt war. Das Zeug hielt sich jedenfalls auf der Oberfläche und verschwand nicht auf Nimmerwiedersehen.

Das »Floß«-System war freilich nicht überall auf Chat Moss anwendbar. Am Manchester-Ende mußte ein Damm gebaut werden, eine langwierige und fast hoffnungslose Arbeit. Schutt wurde herangeschafft, abgelagert – und verschwand. Wochenlang war buchstäblich nichts zu sehen. Jahre später erinnerte sich Stephenson an diese Tage: »Wir hörten nicht auf, aufzufüllen – doch ohne die leiseste sichtbare Wirkung. Sogar meine Assistenten begannen ungeduldig zu werden und bezweifelten den Erfolg der Methode. Die Direktoren ihrerseits sprachen von völlig sinnloser Arbeit und gerieten immer mehr in ernstliche Alarmstimmung«. Trotzdem blieb nichts anderes übrig, als mit den Auffüllungsarbeiten fortzufahren und darauf zu hoffen, daß irgendwo in der Tiefe, dem Auge nicht sichtbar, der Schutt den Grund erreichte und sich langsam bis zur Oberfläche häufte. Genauso vollzog es sich dann auch. Der Damm wuchs schließlich über die Oberfläche und wurde bis zu einer Höhe von zwei Metern über dem Sumpf aufgeführt. Aber es dauerte bis zum Neujahrstag 1830, bis eine einspurige Strecke über das ganze Moor gelegt war und bis Stephenson eine Gruppe von Direktoren zu einer Triumphfahrt einladen konnte. Eines der schlimmsten Hindernisse, dem sich Ingenieure jemals gegenübergesehen hatten, war gemeistert worden.

Nächst Chat Moss war die Anlage des Tunnels und des Durchstichs am Liverpooler Ende die größte Schwierigkeit. Aber hier konnte Stephenson schon auf Vorbilder zurückgreifen. Ein halbes Jahrhundert zuvor war erstmalig ein größerer Tunnel, bei Harecastle am Trent-Mersey-Kanal, gebaut worden. In den fünfzig Jahren danach hatte man beträchtliche Fortschritte in der Technik des Tunnelbaus gemacht. Die Probleme, die jetzt auf die Eisenbahningenieure zukamen, unterschieden sich von den früheren nicht der Qualität, sondern der Quantität nach. Ihre Tunnels mußten höher und breiter werden, und die Schneise beim Olive Mount war größer als alles bisher dagewesene. Diese Schneise warf Probleme uf nicht nur im Hinblick auf ihre Ausmaße, sondern auch deshalb, weil sie durch einen Höhenrücken aus hartem Sandstein geschlagen werden mußte. Die Technik des Tunnelbaus war noch verhältnismäßig primitiv. Man trieb einen Schacht bis in die gewünschte Tiefe. Dann arbeitete man sich von außen auf der Sohle an diesen Schacht heran, wobei man sich an die Richtung hielt, die an der Oberfläche abgemessen worden war. Wenn man sich bis zum Schacht duchgegraben hatte, wurde der Vortrieb mit Ziegeln ausgekleidet, es sei denn, er verlief durch Gestein, das selbst fest genug war, um zu tragen. Auf

persönlichen Stab, mit dem er tun und lassen konnte, was er wollte. Jetzt trat plötzlich dieser Locke auf mit dem Auftrag, über die Arbeit seines Vorgesetzten Bericht zu erstatten. Locke, zu seiner Ehre sei es gesagt, erstellte einen durch und durch wahrheitsgetreuen Bericht und machte keinen Versuch, die Tatsachen zu fälschen. Das gefiel Stephenson ganz und gar nicht. Es bedeutete das Ende von Lockes Beschäftigung bei der Liverpool Manchester Linie. Später freilich arbeitete er wieder für Stephenson an anderen Eisenbahnprojekten. Die Verantwortung für den Tunnel ging auf Thomas Gooch über.

Kein anderer Abschnitt der Strecke gestaltete sich so schwierig wie die Überquerung des Chat Moss oder der große Tunnel. Für die Zuschauer aber, die kamen, um die Arbeiten zu besichtigen, war die Schneise beim Olive Mount das größte Schauspiel. Hier hatten die Besucher die Möglichkeit, mit einem Minimum an eigener Gefahr und Unbequemlichkeit den Männern zuzusehen, wie sie wie die Fliegen über nahezu senkrechte Felswände krochen. Der ganze Effekt war noch viel dramatischer, als wir es uns heute vorstellen können, wenn wir in die Schneise beim Olive Mount hinabblicken. Denn der Einschnitt wurde später erweitert und bietet nicht mehr den Anblick eines schwindelerregenden Abgrunds wie in den Jahren nach 1820. Ein anderer Vier-Sterne-Anziehungspunkt war der Viadukt über den Sankey Fluß, 23 Meter hoch, erbaut auf neun aus rotem Backstein errichteten Bögen, die dann mit Ziegeln umkleidet wurden. Es war der Vorläufer all der gewaltigen Viadukte, die die Glanzpunkte des Eisenbahnnetzes bilden. In den 60er Jahren des 18. Jahrhunderts zeichneten Künstler Illustrationen von Englands erstem Aqädukt, wo Pferde hoch über dem Irwell Fluß Reihen von Lastkähnen zogen, wo Gruppen von Männern schwitzend und tiefgebückt die alten Boote schleppten. Jetzt setzte eine neue Generation die Illustrationen fort und zeichnete die neue Eisenbahn, wie sie die alten Kanäle überquerte. Diese riesigen Anlagen geben dem ganzen Unternehmen den Anschein größter Kühnheit. In vieler Hinsicht stimmt das auch. In anderer Beziehung jedoch weist die Strecke auch Spuren von Stephensons vorsichtigem Konservatismus auf. Stephenson war ein Mann der Praxis, der sich am liebsten auf seine eigene Erfahrung verließ. Der erste Abschnitt der Strecke wurde mit einem extrem niedrigen Steigungskoeffizienten angelegt: 1 zu 1000. Zwei der »schiefen Ebenen« hatten ein äußerst sanftes Gefälle: nicht mehr als 1 zu 100. Da Stephenson, der unerschütterliche Vorkämpfer für die Lokomotiven, natürlich immer vor-

81

Alt und neu: Stephensons mächtiger Viadukt überquert den alten Kanal, den Sankey Bach.

hatte, Lokomotiven auf seiner Strecke einzusetzen, erscheint es sehr merkwürdig, daß er überhaupt »schiefe Ebenen« einplante. In der von Rennie abgemessenen Strecke waren sie nicht vorgesehen, und selbst Thomas Telford, kein Freund der Lokomotiven, kritisierte die diesbezüglichen Pläne Stephensons.

In der Folgezeit stellte sich heraus, daß die Steigungen gar kein besonderes Hindernis waren. Man entdeckte, daß die Lokomotiven auch mit einer Steigung von 1 zu 100 fertig wurden, ohne Hilfe von stationären Maschinen. Aber Stephenson wußte das damals noch nicht, und er beabsichtigte mit Sicherheit, stationäre Maschinen einzusetzen. Denselben vorsichtigen Kon-

82

servatismus legte er an den Tag, als er an die Verlegung der Schienen ging. Er blieb bei den steineren Blöcken der Pferdebahnen und benützte Schwellen aus Holz nur bei Chat Moss, wo er befürchtete, daß die Steinblöcke sinken würden. Bei den Schienen wählte er zwar die neue Bauart aus Gußeisen, aber den kurzen »Fischbauch«-Typus, so genannt, weil der untere Rand geschwungen war. Bald verwendete man auf allen Strecken bessere Schienen, einschließlich einer sehr brauchbaren Ausführung mit flachem unterem Rand, die von Stephensons Erbfeind Vignoles erfunden war. Die Steinblöcke waren für eine viel befahrene Hauptstrecke jedenfalls untauglich. Sie verrutschten zu leicht und verzogen die Gleise. 1837 wurde das ganze Gleis neu verlegt mit den gewöhnlichen durchgehenden hölzernen Schwellen.

Stephenson benützte fischbäuchige Schienen dieser Art für seine Eisenbahn.

Vielleicht sollte man nicht zu hart über Stephenson urteilen. Wir heute sind in der günstigen Lage, schon die richtige Antwort auf das Problem zu kennen. Damals mußte man erst zahlreiche Alternativen ausprobieren, wie man ruhige Fahrt und geringe Schienenkosten erzielen könnte. Brunel z. B. machte bei der großen Eisenbahn im Westen recht gelungene Versuche mit schienenparallelen Schwellen. Stephensons Entscheidung für die Steinblöcke war nicht eben zukunftsweisend, aber er stand unter einer Reihe von Zwängen. Bei der Stockton Darlington Linie z. B. hatte er gar keine andere Wahl gehabt; denn der überwiegende Anteil des Verkehrs wurde dort noch von Pferden bewältigt. Das bedeutete entweder schienenparallele Schwellen oder die billigeren Steinblöcke. Auf der neuen Strecke wurden niemals Pferde eingesetzt, aber zu dem Zeitpunkt, als man mit dem Bau begann, konnte dies niemand mit Sicherheit vorhersagen. Lange Zeit hatte niemand eine ganz klare Vorstellung davon, wie sich der Verkehr vollziehen würde. Es war die eindeutige Lösung dieser Frage, die der Liverpool Manchester Eisenbahn, Rainhill vor allem, ihren einzigartigen Platz in der Geschichte des Verkehrswesens sichert.

Navvies bei der Arbeit unter der Moorish Unterführung.

6. KAPITEL

Vor der Entscheidung

Als der Bau der Eisenbahnlinie begann, hatte man höchst vage Vorstellungen über die Art, wie sich der Verkehr auf ihr gestalten sollte. In der ursprünglichen Verordnung war sowohl von Dampflokomotiven als auch von stationären Maschinen die Rede gewesen. In dem Passus, der von dem Gewicht der zu befördernden Lasten sprach, fand sich ein Hinweis, daß sich unter Umständen die Gesellschaft lediglich als Eigentümer der Gleise betrachtete, ebenso wie die alten Kanal-Gesellschaften die Wasserwege besessen hatten, und anderen das Recht übertrugen, nach vereinbarten Gebühren Güter zu transportieren. Der Passus bestimmte genauer, »daß Kutschen, Gigs, Wägen, Passagiere und Vieh die Eisenbahnstrecken benutzen konnten.« Er gestattete der Gesellschaft überdies, Güter in verschiedenen Mengen zu befördern, zusammen mit »Personen, Rindern und anderen Tieren«, ebenfalls in Mengen, »die im Belieben der Gesellschaft« standen. Dies ist das erste Mal, wo Passagiere offiziell in einem Atem mit Vieh genannt wurden. Natürlich hatten in der Praxis die meisten Passagiere schon bemerkt, daß die Eisenbahnen wenig Unterschiede zwischen den beiden Kategorien machten.

So sah sich schon ganz am Anfang die Gesellschaft zwei Möglichkeiten gegenüber: Sie konnte verfahren, wie es die Kanalgesellschaften und Zollverwalter getan hatten: die Strecke bauen und von anderen Gebühren für ihre Benutzung verlangen. Dies war bis zu einem gewissen Grad die Praxis bei der Stockton Darlington Linie. Die zweite Möglichkeit war, sich selbst als Transportunternehmer zu betätigen und Güter und Personen auf der Strecke zu befördern, auf eine Weise, über die noch entschieden werden mußte. Die Gesellschaft wählte die zweite Möglichkeit. Doch ergab sich jetzt das weit größere Problem der Antriebskraft.

Eine Lösung wurde schon gleich zu Beginn der Überlegungen ausgeschaltet. Man hatte inzwischen genug Erfahrungen mit Eisenbahnstrecken, um zu wissen, daß Pferde den zu erwartenden Verkehr auf der Linie nicht bewältigen würden – und eine Kombination aus Pferden und einer anderen Antriebskraft würde nur Chaos hervorrufen. Das engte die Möglichkeiten weiter ein, bis auf zwei: die eine war der Betrieb mit Dampflokomotiven, die andere ein System von stationären Maschinen, die Loren und Wägen von einem festen Punkt zum anderen zogen. Beide Lösungen hatten ihre Verteidiger. Stephenson war natürlich einer der Hauptsprecher für die Dampflokomotiven. Doch konnte er schwerlich als unparteiischer Anwalt gelten, insofern als er Mitinhaber der einzigen auf Lokomotiven speziali-

85

sierten Fabrik der Welt war. Ihm standen große Gewinne in Aussicht, wenn die Entscheidung zugunsten der Lokomotiven fiel. Trotzdem trat Stephenson nicht um jeden Preis für die Lokomotiven ein – er hatte ja die »schiefen Ebenen« vorgesehen, wo er stationäre Maschinen zum Schleppen der Wägen einsetzen wollte. Sehr gut, argumentierten die Anhänger der stationären Maschinen: wenn wir schon einige stationäre Maschinen, die mit Kabeln arbeiten, brauchen, warum lassen wir es nicht dabei bewenden und verzichten überhaupt auf Lokomotiven? Schleppen mit Kabeln war lange Zeit üblich gewesen und hatte sich als durchaus sinnvoll herausgestellt, freilich noch nicht über derart große Entfernungen. Immerhin, es war ein erprobtes System. Konnten die Anhänger der Lokomotiven von ihrer Sache ähnliches behaupten? Es steckte ein Korn Wahrheit in diesem Argument. Die Lokomotive trug noch den Aufkleber »nicht erprobt«, und die Kritik gegen sie konnte mit einigen starken Argumenten aufwarten, die sich nicht einfach vom Tisch wischen ließen. Um diese Argumente zu verstehen, müssen wir einen Blick auf den Zustand des rivalisierenden Systems der stationären Maschinen werfen, zur Zeit, als seine Verwendbarkeit für die Liverpool Manchester Strecke zur Debatte stand.

Die stationäre Maschine: Reste des Kabel-Zug-Systems auf der Höhe der Brusselton Gefällstrecke (Stockton–Darlington–Linie.)

86

Die Brusselton Gefällstrecke in den ersten Jahren unseres Jahrhunderts. Die steinernen Schwellenblöcke sind noch vorhanden.

Nach dem plötzlichen Aufschwung im Lokomotivbau, der auf die erste erfolgreiche Fahrt auf der Middleton Strecke gefolgt war, ergab sich schnell ein merkliches Abnehmen des Interesses. Die Sache stand so schlecht, daß von 1814 bis 1826 Stephenson der einzige war, der überhaupt Lokomotiven baute und produzierte, und während dieser ganzen Zeit war ihm keine einzige wesentliche Verbesserung gelungen. »Locomotion« und die anderen Stockton Darlington Maschinen wiesen nichts auf, was sie als besser im Vergleich zu ihren Vorläufern auf den Bergwerksstrecken erscheinen ließ. Andere Eisenbahngesellschaften der Frühzeit hatten die Frage erwogen, welches System das beste sei. Die Monkland-Kirkintilloch-Eisenbahn, 1826 eröffnet, folgte dem Stockton-Darlington-Beispiel und benutzte beides: Pferde und Dampfantrieb. Die kleine Stratford-Moreton-Linie, die im selben Jahr dem Verkehr übergeben wurde, hatte sich strikt von der Möglichkeit des Dampfantriebs abgewendet. Einer der Direktoren zählte die Einwände gegen die Lokomotive auf. Es waren sehr ernst zu nehmende darunter: die Strecke mußte dauernd in einem weit besseren Zustand erhalten werden, wenn man schwere Dampflokomotiven verwendete – das bedeutete höhere Kosten. Außer den höheren Anschaffungskosten waren auch die Unterhaltskosten höher. Die Lokomotiven konnten bei regnerischem oder Schneewetter nur schwer in Gang gesetzt werden. Schließlich gab es das psychologische Argument: die Lokomotiven jagten der Bevölkerung Schrecken ein. Damit hatte es seine Richtigkeit.

Thomas Creevey, ein gegen Lokomotiven eingestelltes Parlamentsmitglied, erklärte, »die schnelle Bewegung ist für mich schrecklich; die Lokomotive fliegt ja fast, und ich muß mich auf den sofortigen Tod gefaßt machen, wenn sich der kleinste Unfall ereignet.« Andererseits war diese Furcht nicht überall verbreitet, wie die Menschenmengen bewiesen, die sich die neuen Maschinen, etwa bei der Eröffnung der Stockton Darlington Linie, näher ansehen wollten. Zuguterletzt bestand die Gefahr der Explosionen. Das war keine aus der Luft gegriffene Spekulation. Es hatte Kesselexplosionen bei »Locomotion« und bei »Hope« 1828 gegeben. Beidemale war der Führer getötet worden.

Die große öffentliche Bewährungsprobe für die Lokomotiven hätte die Stockton Darlington Strecke sein müssen. Doch hatten dort die Lokomotiven unter einem schweren Handicap zu arbeiten. Sie mußten die Schienen mit dem Pferdeverkehr teilen. Das brachte die Fahrpläne völlig durcheinander. Komplizierte Regeln wurden aufgestellt: Frachtverkehr mußte dem Passagierverkehr weichen, Pferde der Lokomotive. Bei einspurigem Verkehr mußte der Zug, der Platz machen sollte, zurück auf ein Ausweichgleis fahren. Wenn sich Züge auf der Strecke trafen, hatte derjenige, der mehr als den halben Weg zwischen zwei Ausweichgleisen zurückgelegt hatte, Vorrang, und der andere mußte rückwärts fahren. Solche Regeln sehen in einem Buch ganz nett aus, doch kann man sich nur zu leicht das Chaos vorstellen, ganz abgesehen von den Diskussionen und Streitereien, das unvermeidlich entstehen mußte, selbst wenn man den besten Willen bei allen Fahrern voraussetzt. Aber in Anbetracht dessen, daß sich die Lokomotivführer als die neue Elite fühlten, während die Pferdetreiber sie als Emporkömmlinge ansahen, war wenig guter Wille zu erwarten.

Glücklicherweise gab es 1828, als sich die Kontroverse im Nordwesten ihrem Höhepunkt näherte, im Nordosten Anzeichen für eine entscheidende Verbesserung der Lokomotiven.

Ein Ingenieur aus Gateshead, Robert Wilson, baute eine Maschine für die S.-D. Strecke von ungewöhnlicher Konstruktion. Sie hatte vier Räder und vier Zylinder, und jeder Zylinder trieb direkt das unter ihm liegende Rad an. Sie erhielt den Spitznamen »Chittaprat«, aufgrund der seltsamen Staccato-Geräusche, die sie machte. Sie war jedoch nicht leistungsfähig. Deshalb übergab man sie Timothy Hackworth, dem Ingenieur der Gesellschaft in den Shildon Werken. Er sollte sehen, was noch daraus zu machen war. Er machte allerhand daraus, indem er die ganze Maschine auseinandernahm

88

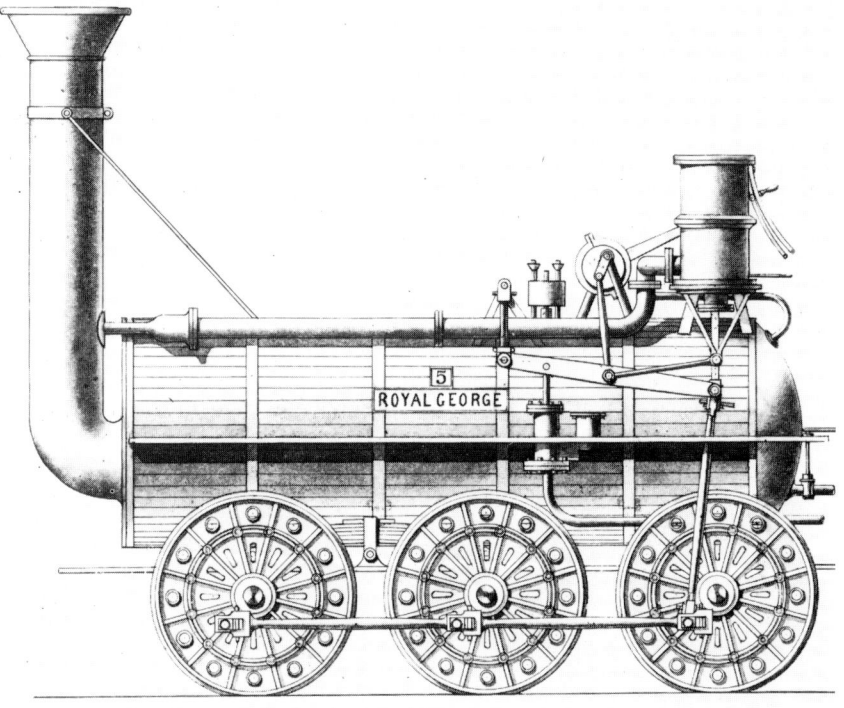

Hackworths prachtvolle Lokomotive für die Stockton-Darlington-Strecke. »Royal George«, die stärkste Lokomotive ihrer Zeit.

und neu zusammenbaute. Sie erstand wieder als »Royal George«, die leistungsfähigste und mächtigste Maschine der damaligen Zeit. Sie hatte einige Eigenschaften, die Hackworths früheren Konstruktionen zu verdanken waren. Er löste das Problem der besten Ausnutzung des Dampfes, indem er wieder das Prinzip des Kessels mit gebogenem Flammrohr anwandte, so wie er es zusammen mit Hedley in Wylam gemacht hatte. Jetzt aber verbesserte er die Konstruktion entscheidend, und baute einen Kessel von der doppelten Heizfläche wie sie »Locomotion« hatte. »Royal George« besaß zwei vertikale Zylinder, die ein Paar Räder antrieben. Diese waren ihrerseits mittels Stangen mit den anderen vier Rädern verbunden, so daß sich eine Anordnung von 0–6–0 ergab, welche sich als sehr brauchbar herausstellte. Die Räder selbst waren neue Konstruktionen, man nannte sie »Zapfenräder«. Da es keine Drehbänke gab, die groß genug waren, um ein so großes maßhaltiges Rad herzustellen, baute man die Räder aus zwei Teilen zusam-

Timothy Hackworth, verant-
wortlicher Ingenieur der Stockton–Darlington–Strecke. Er
wurde zum Maschinenbauer
auf eigene Rechnung.

men: ein maßhaltiges Stück im Zentrum und einen äußeren Bereich, der durch hölzerne Zapfen und Keile angepaßt und fugenlos am Zentrum befestigt wurde. Zuletzt legte man um das Ganze einen gußeisernen Mantel. Hackworth beschäftigte sich ferner mit einem anderen Problem, das den Ingenieuren Kopfzerbrechen machte – dem explodierenden Kessel. Solche Explosionen geschahen häufig, wenn nämlich die Lokomotivführer des Guten zuviel taten, um außergewöhnliche Geschwindigkeiten zu erreichen. Zu oft gingen sie weiter als sie eigentlich durften. Hackworth erfand ein auf dem Federprinzip beruhendes Sicherheitsventil, welches im Vergleich zum konventionellen Ventil, das nur durch sein Gewicht funktionierte, ein großer Fortschritt war. Schließlich kam er auf Trevithicks altes Muster des Dampfgebläses zurück und verbesserte das Original ebenfalls beträchtlich. Alles in allem übertraf »Royal George« alles, was man sonst auf den englischen Eisenbahnlinien sehen konnte, bei weitem.

Neben dieser Konstruktion gab es noch eine andere neue Maschine, eine Lieferung der Stephenson-Werke für die S.-D. Strecke. Sie hatte vier Räder und war die erste, die horizontale Zylinder besaß. Statt daß man diese aber auf den Boden des Rahmens gesetzt hätte, befestigte man sie ganz oben auf dem Rücken des Kessels und verband sie mit den Rädern mittels Kreuzkopf und Pleuelstangen. Der offizielle Name war »Experiment«, aber bald verschaffte ihr das seltsame Hebelsystem einen anderen: »Old Elbows« (»Alte Ellenbogen«). Sie verrichtete brauchbare Arbeit, war aber zu sehr das, was ihr ursprünglicher Name besagte: ein einmaliges Experiment. Trotzdem wies sie einige Verbesserungen auf, vor allem die Benutzung des ausströmenden Dampfes zum Vorheizen des Kesselspeisewassers, aber sie war in keiner Weise so überzeugend und bedeutsam wie »Royal George«.

So also war die Situation der Dampflokomotiven im Jahre 1828. Es waren eher kontinuierlich kleine als spektakuläre Fortschritte gemacht worden, und die Ergebnisse waren nicht völlig überzeugend. Die Direktoren der Liverpool Manchester Linie waren jedenfalls noch nicht bekehrt. Sie schickten eine Abordnung in den Nordosten, die sich ein Urteil über die Stockton Darlington Strecke bilden sollten. Kein Zweifel bestand bei der Lokomotiven-Partei über die Bedeutung dieses Besuches. Edward Pease schrieb unverzüglich an Hackworth nach Shildon und bat ihn dringend, »Maschinen und Leute in den bestmöglichen Zustand zu bringen« und alle Zahlen parat zu haben, die seiner Sache ein günstiges Aussehen geben konnten – welche Leistungen erbracht werden, welche Kosten gespart werden konnten. Auf

90

ihrer Reise zur Stockton Darlington Strecke hatte die Abordnung auch Gelegenheit, die »schiefen Ebenen« bei Etherley und Brussleton in Augenschein zu nehmen. Obwohl Hackworth und die anderen Streiter für die Lokomotiven alles getan hatten, um Maschinen und Statistiken ins beste Licht zu rücken, konnten sie die Deputation nicht überzeugen. Sie empfahl stationäre Maschinen.

Wie eigentlich sollte dieses System funktionieren, das die Abordnung empfahl? Das ist niemals klar dargelegt worden. Eine Möglichkeit war, eine dauernd kreisende Kabelschleife einzurichten, an die die Waggons angehängt werden konnten. Dieses Prinzip kann noch bei der Middleton-Steigung auf der Cromford High Peak Strecke besichtigt werden, obwohl es

Hetton Bergwerk: Hierher kamen die Direktoren der Liverpool–Manchester Strecke, um Lokomotiven in Betrieb zu sehen.

nicht mehr ganz vollständig ist und natürlich nicht mehr arbeitet. Es macht komplizierte Vorkehrungen für schnelles An- und Abkoppeln der Wägen notwendig, aber in jeder anderen Hinsicht funktioniert es bestens und wurde bis in unser Jahrhundert beibehalten. Doch es ist schwer, sich vorzustellen, wie ein solches System mit einer einzigen Kabelschleife auf einer langen Strecke arbeiten sollte. Noch schwieriger ist es, sich die Alternative zu vergegenwärtigen: eine gestückelte Strecke, am Anfang eine Anzahl voll beladener Züge, die dann in einer Folge von Schüben bewegt werden, mit Fahrplänen, Einrichtungen für Überholmanöver usw. Die Idee erscheint absurd, aber die Leitung der Liverpool Manchester Strecke erwog solche Maßnahmen in vollem Ernst. Es gab eine lange Sitzung. Jeder, der jemals in einem Komitee gesessen hat, weiß, daß über Vorschläge nicht immer sachlich entschieden wird. Es bilden sich Parteien, und je größer die Anzahl der Teilnehmer, desto wichtiger werden diese Parteien. Argumente, die ohne Leidenschaft untersucht werden sollten, werden von allen möglichen Kleinigkeiten außer Kraft gesetzt. Das Eisenbahn-Komitee war keine Ausnahme. Man neigte sich eine Weile der einen, dann der anderen Seite zu, und kam dann zu dem Ergebnis, daß man mehr Informationen benötigte. Eine zweite, noch kompetentere Delegation wurde losgeschickt, um Informationen zu sammeln, und angewiesen, mit einer überzeugenden Empfehlung zurückzukommen.

Die Abordnung, die aus zwei Ingenieuren, James Walker und John Urpeth Rastrick, bestand, wurde nach Darlington, Newcastle und Umgebung geschickt, »um durch Inspektion und Untersuchung an Ort und Stelle die jeweiligen Vorzüge stationärer Maschinen und Lokomotiven festzustellen.« Sowohl Walker als auch Rastrick waren erfahrene Ingenieure. Letzterer machte sich später einen berühmten Namen auf dem Gebiet des Eisenbahnbaus. Er stammte selbst aus dem Nordosten, war also mit dieser Welt vertraut, er hatte aktiv an der Einführung der Eisenbahnen mitgewirkt und 1814 sogar schon eine Lokomotive eigener Konstruktion patentieren lassen. Die Lokomotivenpartei konnte ihn als mutmaßlichen Verbündeten betrachten.

Die beiden Ingenieure reisten Anfang Januar 1829 ab und kamen am 16. Januar bei der Middleton-Eisenbahn an. Walker, so geht aus seinem Bericht an die Direktoren hervor, scheint durch das, was er dort vorfand, beeindruckt gewesen zu sein. »Hier prüften wir Herrn Blenkinsops Maschine auf der Middleton Bahnstrecke. Wir sahen, wie sie mit 38 Waggons, die 45 Ton-

Die Blenkinsop/Murray Maschine: eine der Möglichkeiten, die man für die neue Eisenbahn in Betracht zog.

nen Kohle enthielten, eine Fahrt machte. Das übertraf unsere Erwartungen, in Anbetracht der relativ kleinen Maschine.« Ein vielversprechender Anfang für die Lokomotivenpartei. Von Middleton aus begab sich die Abordnung nach Durham und Northumberland, wo stationäre Maschinen und Lokomotiven besichtigt und die Erfahrungen und Zahlen genau protokolliert wurden. Beide kamen zu dem Schluß, daß sowohl stationäre Maschinen als auch Lokomotiven die Aufgaben, die man von ihnen verlangte, erfüllen konnten. Daher wandten sie ihre Aufmerksamkeit vor allem dem Problem der Kosten zu. Um die Liverpool Manchester Strecke mit stationären Maschinen zu betreiben, würde man 54 Maschinen, verstreut über die 50 Kilometer der Strecke, benötigen, bei einem Kostenaufwand von 81 000 Pfund. Sie schätzten andererseits, daß man bei Verwendung von Lokomotiven 48 Maschinen brauchen würde, was die Gesellschaft 28 000 Pfund kosten würde. Es schien somit alles für die Lokomotiven zu sprechen. Jedoch, so wandten Rastrick und Walker ein, würden die Betriebskosten für stationäre Maschinen um 25% unter denen für Lokomotiven liegen.
Die Zahlen waren, um es gelinde zu sagen, zumindest zweifelhaft. Natürlich gab es Strecken, wo sich die Bilanz so gestaltete, die Hetton Bergwerkslinie z. B., aber in anderen Fällen, vor allem bei der Stockton Darlington Linie, waren die Betriebskosten bei Verwendung von Lokomotiven eindeutig niedriger als bei stationären Maschinen. Trotzdem kamen die beiden Ingenieure nach Abwägen aller Für und Wider zu dem Ergebnis, daß sich die

Waagschale, obwohl nur sehr leicht, auf die Seite der stationären Maschinen neigte. Der Bericht wurde in allen Einzelheiten im März 1829 veröffentlicht. Große Bestürzung bei der Lokomotivenpartei. Sie beeilte sich, zum Angriff überzugehen.

Robert Stephenson, von seinem südamerikanischen Abenteuer zurück, schrieb voller Entrüstung an Hackwoth:

»Sie haben die Leistung der stationären Maschinen über die Grenze des Erlaubten hinaus überbewertet, und sie haben, ich muß es mit Bedauern sagen, die Lokomotiven weit unter dem Niveau taxiert, das wir ihnen auf Grund unserer Erfahrung zuschreiben müssen. Ich will nicht entscheiden, ob diese Ergebnisse einem Vorurteil oder dem Mangel an Information bzw. praktischer Erfahrung entsprungen sind.«

Keineswegs hatten die Stephensons oder auch Hackworth die Absicht, feige das Feld zu räumen. Robert schrieb einem anderen Geschäftspartner:

»Wir bereiten gerade einen Gegenbericht vor, der, wie ich glaube, sich eines Tages durchsetzen wird. Aber beim gegenwärtigen Stand der Dinge kann nichts Endgültiges gesagt werden. Verlaß dich jedenfalls darauf: wir werden die Lokomotiven nicht feige aufgeben. Ich werde bis zum letzten für sie kämpfen. Sie sind diesen Kampf wert.«

Hackworth stärkte Stephenson nach Kräften den Rücken: »Sie brauchen nicht mutlos zu werden, mein lieber und verehrter Herr. Wenn Sie Ihre Ansicht mannhaft, deutlich und entschlossen kund getan haben, dann haben Sie getan, was Sie tun konnten. Und wenn man eines Tages in den Zeitungen lesen sollte – »Die Liverpool Manchester Strecke ist mit Kabeln stranguliert worden« –, dann werden wir keine Anklage gegen Sie wegen Miltäterschaft erheben, weder vor noch nach dem Ereignis.«

Hackworth gab Robert Stephenson, der mit Eifer an einer Widerlegung des Walker-Rastrick-Gutachtens arbeitete, einige schlagkräftige Argumente und harte Tatsachen an die Hand. Robert wandte sich mit Nachdruck gegen die Behauptung, daß die maximale Last, die eine Lokomotive bei einer Geschwindigkeit von 18 Kilometern pro Stunde ziehen könnte, zehn Tonnen sei. Seine Schätzung war mehr als 30 Tonnen. Seine Zahlen bewiesen, daß »Royal George« in der Lage war, 70 Tonnen bei 9 Stundenkilometern zu schleppen, während die Stephenson-Maschinen bis zu 60 Tonnen bewegen konnten. In jedem Fall sei, so erklärte er, das Haupthindernis für schnellere Fahrt nicht die Lokomotive selbst, sondern der einspurige Betrieb. Er legte

94

auch seine Ansichten über die Möglichkeit dar, Wägen mit Kabeln zu ziehen: »Vorausgesetzt, es wäre möglich – wer würde sich in die Nähe wagen, wenn eine Materialmasse von, sagen wir, 20 oder 30 Tonnen, aus dem Ruhezustand mittels eines Kabels in Bewegung gesetzt würde und zwar bis zu einer Geschwindigkeit von 20 bis 25 Stundenkilometern? Ich brauche nicht zu sagen, was eintreten würde: Verwirrung und Chaos.«

Die Argumente, die von Stephenson mit Unterstützung von Joseph Locke vorgetragen wurden, waren zahlreich und alle ernst zu nehmen, aber drei Punkte wurden mit Nachdruck herausgestrichen und hatten besondere Beweiskraft. Erstens: Verwendete man stationäre Maschinen, so brauchte nur eine Panne in einem Teil des ganzen Systems zu passieren, und das Ganze würde stehenbleiben. Wenn eine Lokomotive ausfällt, so kann man sie auf ein Nebengleis schieben und in aller Ruhe reparieren, während eine andere Maschine die Arbeit übernimmt. Man kann aber kein ganzes Maschinenhaus auf ein Nebengleis stellen. Zweitens: Die stationären Maschinen waren in mehr als einer Hinsicht stationär. Sie waren nun schon so lange Zeit in Benutzung, und doch zeigte sich keine Chance einer wirklichen Verbesserung und eines Fortschritts. Ganz das Gegenteil war bei den Lokomotiven der Fall. Sie befanden sich noch im Kindheitsstadium, und es gab allen Grund anzunehmen, daß sie sich im Lauf der Jahre schnell entwickeln würden. Das dritte Argument richtete sich besonders an die mehr an Wirtschaftlichkeit denkenden Mitglieder des Ausschusses. Wenn sie sich für das Seilbahnprinzip entschieden, dann mußten sie sich auf alles oder nichts einlassen. Alle 54 Maschinen müßten dann gebaut, alles Geld müßte hineingesteckt werden. Demgegenüber konnte eine Lokomotive probeweise gebaut werden, und wenn sie dann den Erwartungen nicht entsprach, so war der Verlust verhältnismäßig gering. Walker und Rastrick hatten in der Tat eine derartige Möglichkeit vorgesehen und einen Test vorgeschlagen. Bei Rainhill befand sich ein ganz gerades Stück Strecke und auch eine Gefällstrecke. An dem Gefälle konnte man ein Maschinenhaus errichten, und auf der Geraden konnte eine Lokomotive fahren.

»Natürlich würde man Maschinen nur in der Anzahl bestellen, für die man auch Verwendung hätte, und würde sowohl darauf achten, daß man Ersparnisse machen könnte, als auch Vorteile aus den Verbesserungen ziehen, die vielleicht erfolgen würden. Und man würde sich bemühen, die Hersteller von Maschinen zu ermutigen und ihre Aufmerksamkeit auf diese Möglichkeiten zu lenken, etwa in der Weise, daß man eine Prämie aussetzte oder ein

Die fertige Strecke, bereit zur Inbetriebnahme. Würde die Lokomotive halten, was man sich von ihr versprach?

Versprechen abgäbe, denjenigen Hersteller zu bevorzugen, dessen Maschine bei dem Test am besten abschnitte.«

In dem Komitee gab es eine relativ große Anhängerschaft für die Lokomotiven. Sie wurde geführt von Henry Booth, dem Schatzmeister. Die Idee eines Ausscheidungsrennens wurde mit Begeisterung aufgegriffen. Warum nicht einen Wettbewerb veranstalten, um zu sehen, ob die Lokomotiven bestehen würden, und wenn ja, welches die beste Konstruktion war? Am 20. April 1829 faßte man den Entschluß, eine Wettfahrt zu veranstalten, und setzte einen Preis von 500 Pfund für den Gewinner aus – vorausgesetzt, es würde überhaupt einen Gewinner geben. Sie sollte, so bestimmte man, bei Rainhill stattfinden, und zwar auf einer eigens gelegten doppelten Spur. Nun konnte man sich zum Kampf rüsten. Verlockend waren die 500 Pfund für den Gewinner, und vor allem die Aussicht auf einen Auftrag von mehr Lokomotiven für die Liverpool Manchester Strecke und für andere Linien, die unweigerlich kommen würden, wenn das Rennen positiv ausgehen würde. Die große Entscheidung würde im Oktober 1829 in Rainhill fallen.

7. KAPITEL

Die Konkurrenten

Die Direktoren der Liverpool-Manchester-Gesellschaft hatten beabsichtigt, Verbesserungen bei der Dampflokomotive zu initiieren und Anreize für Erfindungen zu schaffen. Sie müssen einigermaßen schockiert worden sein von der Menge seltsamer Vögel, die sie aufscheuchten, und die alle hofften, in Lancashire ein warmes Plätzchen zu finden. Henry Booth beschrieb die erstaunliche Vielzahl von Ideen und Vorschlägen, die von allen möglichen Leuten aus allen möglichen Orten kamen.

»Angefangen von Professoren der Philosophie bis zum niedrigsten Hilfsarbeiter überschlugen sich alle in Hilfsangeboten. England, Amerika und der Kontinent trugen in gleicher Weise dazu bei. Alle denkbaren Elemente und Stoffe wurden einer Prüfung unterzogen, ob sie dem großen Werk dienstbar gemacht werden könnten. Die Reibungsverluste der Wägen sollten zu

Anzeige aus dem »Liverpool Mercury«, 1. Mai 1829.

TO ENGINEERS AND IRON FOUNDERS.
THE DIRECTORS of the LIVERPOOL and MAN-
CHESTER RAILWAY hereby offer a Premium of £500 (over
and above the cost price) for a LOCOMOTIVE ENGINE, which
shall be a decided improvement on any hitherto constructed, sub-
ject to certain stipulations and conditions, a copy of which may
be had at the Railway Office, or will be forwarded, as may be di-
rected, on application for the same, if by letter, post paid.
HENRY BOOTH, Treasurer.
Railway Office, Liverpool, April 25, 1829.

AN ALLE INGENIEURE UND EISENGIESSER !

DAS DIREKTORIUM der LIVERPOOL-MANCHESTER-EISENBAHNGE-SELLSCHAFT setzt hiermit einen Preis von 500 Pfund aus (über die Kosten hinaus) für ein LOKOMOTIVE, die eine wesentliche Verbesserung aller bisherigen Konstruktionen darstellt und bestimmten Anforderungen und Bedingungen genügt. Eine Liste dieser Bedingungen ist beim Eisenbahnbüro erhältlich oder wird auf Bestellung zugesandt, unter Berücksichtigung der Postgebühren.

HENRY BOOTH, Schatzmeister

Eisenbahnbüro, Liverpool, 25. April 1829

Robert Stephenson in späteren Jahren.

einem solchen Grad reduziert werden, daß ein Seidenfaden sie würde ziehen können; auf der anderen Seite gab es Vorschläge, die anzuwendende Kraft dermaßen zu steigern, daß sie ein mächtiges Kabel zerreißen würde. Wasserstoffgas und Hochdruckdampf – Wassersäulen und Quecksilbersäulen – hundert Atmosphären und völliges Vakuum – ein Perpetuum Mobile ohne Feuer oder Dampf, das am Anfang des Prozesses Energie erzeugt und sie am Ende wieder voll abgibt – Räder innerhalb der Räder, um die Geschwindigkeit zu erhöhen, ohne Energie zu verlieren – alle möglichen Vorrichtungen für kompensierende und gegenläufige Kräfte, kurz, das Nonplus ultra einer unaufhörlichen Bewegung.«

Schließlich jedoch reduzierte sich alles auf vier hauptsächliche Bewerber, von denen dann nur drei wirklich ernst zu nehmen waren. An erster Stelle ist die Firma Robert Stephenson und Co. zu nennen. Glücklicherweise waren die Robert Stephenson Werke in diesem Augenblick gerade dabei, ihre Desorganisation zu überwinden. Robert hatte energisch die Zügel übernommen, die Tage seines ziellosen Herumschweifens waren vorüber.

Die Ereignisse, die sich auf seiner Rückfahrt abgespielt hatten, waren höchst seltsam. Sie stellten eine Kette von Zufällen dar, die kein Romanschreiber seinen Lesern zuzumuten wagen würde. Robert hatte seinen Vertrag mit der kolumbianischen Bergwerksgesellschaft gekündigt und wartete in Cartagena in einem Gasthaus auf die Ausfahrt eines Schiffes in Richtung New York. Da traf er auf einen anderen Engländer, der augenscheinlich in Schwierigkeiten geraten war. Er war völlig abgerissen. Wie er Robert erzählte, hatte er den Boden Südamerikas gut ausgerüstet betreten und Peru auf silberbehängtem Pferde durchquert. Aber wie bei so vielen, die gehofft hatten, in diesem Land schnell zu Vermögen zu kommen, hatten sich seine Erwartungen bald in nichts aufgelöst. Jetzt war er gänzlich abgebrannt und besaß nicht einmal mehr das Geld für die Überfahrt nach England. Der Mann war Richard Trevithick.

Der unglückliche Mann erinnerte sich wehmütig an die Zeiten, als er, wie er sagte, auf einer Reise in den Nordosten den kleinen Robert auf seinen Knien gewiegt hatte. Es sind weiter keine Einzelheiten von dem Gespräch der beiden überliefert – wie gerne hätte man Mäuschen dabei gespielt. Sprachen sie über Lokomotiven? Sicher war das der Fall, aber wir können nicht wissen, was tatsächlich gesagt wurde. Das Ergebnis war, daß Robert Trevithick 50 Pfund gab, mit denen dieser seine Rückfahrt nach Falmouth in ein unauffälliges Leben bezahlen konnte. Er, Robert, reiste weiter nach New

York. Das war eine Reise voller Zwischenfälle: Unterwegs nahm man einige Schiffbrüchige auf, die nur überleben konnten, indem sie ein paar Kameraden verzehrt hatten. Kurz vor New York geriet das Schiff Stephensons in einen gewaltigen Sturm. Aber er erreichte England schließlich im November 1827. Fast unmittelbar darauf fand man ihn in Forth Street bei der Arbeit. Mit ruhigem Selbstvertrauen, das ihm während der Jahre in den Minen zugewachsen war, hatte er dort die Leitung übernommen. Jahrelang hatte er in Kolumbien die leicht erregbaren Leute aus Cornwall in Schach gehalten, ein größeres Bergwerk geleitet, und wenn die ganze Expedition zu einem Fehlschlag wurde, so wegen der zu optimistischen Planungen der Unternehmer und nicht wegen schlechten Managements auf Seiten Roberts. Robert Stephenson war erwachsen geworden.

Die Bedeutung von Roberts Rückkehr für die Bilanz von Robert Stephenson und Co. kann schwerlich überschätzt werden. Sofort straffte er die Zügel und initiierte größere Verbesserungen im Lokomotivenbau. Er erwies sich bald nicht nur als ebenso tüchtiger Ingenieur wie sein Vater, sondern als noch überzeugender und erfinderischer. Neue Pläne, neue Ideen waren nun in Newcastle an der Tagesordnung. Robert schrieb im Januar 1828 an Michael Longridge: »Ich habe viel auf meinen Vater einreden müssen, bis er bereit war, einer Reduktion des Umfanges und einer eleganteren Form unserer Maschinen zuzustimmen. Ich will nämlich das Fahrgestell entweder an der Seite des Kessels oder ganz unter ihm anbringen.« Das Resultat dieser Maßnahmen war »Lancashire Witch« (»Lancashire Hexe«), eine Maschine, die im gleichen Jahr für die Bolton Leigh Strecke gebaut wurde. Sie stellte einen Bruch mit den bisherigen Konstruktionen dar. Jetzt brachte man nämlich die Zylinder außerhalb des Kessels an und stellte sie nicht mehr senkrecht, sondern in einem Winkel von ungefähr 45°. Sie lagen also nicht horizontal wie bei »Experiment« und befanden sich weit unten, so daß keine häßlichen »Ellbogen« zu sehen waren. »Lancashire Witch« war schon in Betrieb, als Rastrick und Walker mit ihren Gutachten begannen, sie wurde aber in dem abschließenden Bericht nicht erwähnt. Und zwar aus dem erstaunlichen Grund, weil sie einfach zu gut war! Ihre Leistungen lagen so weit über denen der anderen Stephenson Lokomotiven, daß sich die Gutachter entschlossen, sie als eine untypische Anomalie zu betrachten. Sie bot eine gute Grundlage, auf der die Stephensons eine neue Maschine konstruieren konnten. Man begann mit den Arbeiten an einer Maschine, die die Annalen der Firma die »Preisträger-Maschine« nannten.

Henry Booth: er brachte Stephenson auf die Idee, einen Kessel mit mehreren Röhren zu bauen.

Die Bedingungen für das Rennen waren bis ins Detail von dem Eisenbahn-Ausschuß ausgearbeitet worden. Die wichtigsten Punkte waren folgende: Die Maschine sollte »wirklich den von ihr selbst erzeugten Dampf ökonomisch verbrauchen« – eine Bestimmung der Eisenbahn-Verordnung des Parlaments. In der Praxis hieß das, daß man den Kessel eher mit Koks als mit Kohle beheizen mußte – um möglichst wenig Rauch (Qualm) auszustoßen. Die Maschine durfte bis zu sechs Tonnen wiegen, wenn sie auf sechs, und bis zu viereinhalb Tonnen, wenn sie auf vier Rädern lief. Eine Sechs-Tonnen-Maschine »soll in der Lage sein, Tag für Tag, auf einer gutgebauten Strecke, auf ebenem Gelände, einen Zug von Wägen zu ziehen, der insgesamt, Tender und Wassertank eingeschlossen, zwanzig Tonnen wiegen muß, und zwar mit einer Geschwindigkeit von 18 Kilometern pro Stunde, wobei der Druck im Kessel vier Kilo auf den Quadratzentimeter nicht überschreiten darf.« Für leichtere Maschinen wurden die Lasten, die sie ziehen können mußten, entsprechend verringert. Eine Lokomotive von fünf Tonnen hatte also nur 16⅔ Tonnen zu ziehen usw. Andere Bedingungen betrafen die Federung von Maschine und Kessel, und die Installierung von zwei Ventilen, von denen eines außerhalb der Reichweite des Führers sein mußte. Der Führer wurde verpflichtet, ein Ende mit der gefährlichen Praxis zu machen, Sicherheitsventile in verbotener Weise zu belasten, um höheren Kesseldruck zu erzielen.

Alle diese Bedingungen wurden in den Stephenson-Werken genau berücksichtigt. Die Stephensons entschlossen sich, auf die leichtere, vierrädrige Maschine hinzuarbeiten, die im großen und ganzen nach dem bewährten Muster der »Lancashire Witch« konstruiert werden sollte. Die Preisträger-Maschine entwickelte sich jedoch bald in einer Weise, die weit über eine bloße Fortführung von Ideen, wie sie der »Lancashire Witch« zugrundelagen, hinausging. Bei ihr wurden revolutionäre neue Prinzipien verwirklicht. Unter ihrem späteren Namen »Rocket« (»Rakete«) wurde sie die berühmteste Lokomotive in der Geschichte der damaligen Eisenbahn.

Tausende haben das Lob von Stephensons »Rocket« gesungen. Wenige haben jedoch angemerkt, daß auf die wesentlichste Verbesserung nicht einer der beiden Stephensons kam, sondern Henry Booth. Er hatte die eigentliche Schwäche aller Maschinen der Frühzeit richtig erkannt: zu wenig Dampf. Und er schlug die richtige Lösung vor – einen Kessel mit vielen Röhren. Völlig unabhängig von ihm hatte zur gleichen Zeit ein anderer Ingenieur, Marc Seguin, die gleiche Idee gehabt. Er arbeitete in Frankreich

100

*Eine Skizze aus Rastricks No-
tizbuch von Rainhill. Sie zeigt
den Kessel von »Rocket«.*

an der St. Etienne Lyon Strecke. Bei »Rocket« wurden jetzt auf Booths Vorschlag dem Kessel viele Röhren eingebaut. Ferner erhielt er das schon früher verwendete Dampfgebläse und ein getrenntes, ummanteltes Gehäuse,
in dem sich die Feuerung befand. Das Gebläse stellte einen verstärkten Zu-
strom von Hitze aus dem Brennraum in den Kessel sicher. Auf diese Weise
konnte man die durch die vielen Röhren gegebene größere Heizfläche voll
ausnutzen. Ein Kessel mit großer Leistung verlangte aber umgekehrt, daß
die Hitze, die das Feuer verursachte, wirklich zur Erzeugung von Dampf
verwendet wurde und nicht sinnlos durch den Schornstein entwich. Insofern waren die Einzelteile allein nicht das Wichtigste – es kam auf ihre richtige Kombination an. Was die Mechanik betrifft, so verfuhr man bei »Rocket«
ganz einfach. Man benutzte schrägstehende Zylinder, deren Kolben den
Antrieb nach unten, zu einem Paar Räder von 140 Zentimeter Durchmesser, weitergaben. Das Verdienst an der Konstruktion geht zu gleichen Teilen an Booth und die Stephensons. Aber es ist ein Ding, eine Maschine zu
konstruieren, ein anderes, die Pläne zu realisieren. Das Verdienst für die
Realisation kommt voll und ganz Robert Stephenson zu.
Stephenson und Booth nahmen die Arbeit an »Rocket« gemeinsam in
Angriff. Die Firmenbücher aus Forth Street berichten von ihrer gemeinsa-
men Verantwortung. Booth wurde über die Fortschritte durch eine Reihe

101

Eine Seite aus einem Brief Robert Stephensons an Booth, in dem die Plazierung des Kessels bei »Sans Pareil« beschrieben wird.

von Briefen Stephensons auf dem laufenden gehalten. Verständlicherweise gab es eine Menge über das Problem zu schreiben, wie der neue Kessel mit vielen Röhren zu bauen sei. Insgesamt entschied man sich für 25 kupferne

102

Röhren, jede mit sieben Zentimeter Durchmesser. Der Brennraum befand sich vor dem Kessel und war von Wasser umgeben. Das darin erhitzte Wasser wurde durch drei Kupferröhren in den Kessel geleitet, wo es mittels der 25 Kupferrohre weiter erhitzt und verdampft wurde. Der Grundquerschnitt des Schornsteins wurde ein wenig erweitert, um die heißen Rauch-Gase aufnehmen zu können. Der entspannte Dampf aus den Zylindern wurde durch vier Zentimeter große Öffnungen in den Schornstein eingeführt. Dies bewirkte keinen übermäßig großen Gebläseeffekt, aber Robert probierte ihn aus und fand ihn ausreichend. Er hatte herausgefunden, daß man auch des Guten zu viel tun konnte. Manche Lokomotive der Frühzeit war dahingefahren mit einem rot glühenden Schornstein, der Flammen und Funken spie wie ein Vulkan in Bewegung. In diesen Fällen zerriß das Gebläse das Feuer buchstäblich in Stücke. Die größten Konstruktionsprobleme ergaben sich beim Kessel. Es handelte sich ja um ein völlig neues Konzept. Zunächst hatte Robert einige Schwierigkeiten mit der Frage, wie er die Kupferröhren in den Kessel einbauen sollte. Er machte eine Anzahl von Versuchen mit Schraubendrähten, die er mit den außen überstehenden Enden der Röhren verband, welche er dann mit Muttern festschraubte. Sie schlugen alle fehl. Schließlich vernietete er die Röhren. Zu Beginn des August sandte er einen optimistischen Bericht an Booth:

»Seit ich angekommen bin, haben wir Vorkehrungen getroffen, die es uns nach meinen Berechnungen ermöglichen, die Preisträger-Maschine hier in der Fabrik am Donnerstag über drei Wochen probelaufen zu lassen – das wird uns genügend Zeit geben, um noch Versuche anzustellen oder auch Änderungen durchzuführen, die notwendig werden sollten. – Die Röhren sind fast alle fertig, sie werden morgen Nacht vollzählig vorliegen, sie sind ausgezeichnet gearbeitet. – Die einzige Schwierigkeit, die ich noch sehe, ist das Vernieten der Enden. Der Mantel des Kessels ist auch fertig – solide Handwerksarbeit. Die Zylinder und sonstigen Teile der Maschine sind in bestem Zustand. Alle diese Teile wurden einzeln gewogen. Das Gewicht des Ganzen wird schätzungsweise 4½ Tonnen betragen. Dieses Gewicht, denke ich, wird allen Ansprüchen genügen. Die Räder will ich so anbringen, daß auf den größeren zweieinhalb Tonnen lasten, damit sie mit den Schienen in gutem Kontakt sind. *Wird es dagegen Einwände geben?*«

Der letzte Punkt war wichtig. Die Eisenbahningenieure beschäftigten sich noch immer mit dem Problem der schweren Maschinen, die die Schienen zerbrechen konnten. Daher die Gewichtsbeschränkungen, die die Veranstalter des Rennens verlangt hatten. Obwohl es nicht ausdrücklich in den Bedingungen erwähnt war, erwarteten die Veranstalter mit Sicherheit, daß das Gewicht der Maschinen gleichmäßig auf alle Räder verteilt war. Denn so entsprach es damals der Praxis. Stephenson hielt sich an den Buchstaben der Bestimmungen, nicht völlig an ihren Geist. Diese Frage trat beim Rennen selbst tatsächlich einmal kurz in den Vordergrund.

Am 21. August konnte Robert berichten, daß »alle Röhren im Kessel, der jetzt auf den Rahmen gestellt ist, befestigt sind.« Jetzt mußte der Kessel dem ersten Test unterworfen werden. Robert schlug vor, daß Booth dabei anwesend sein sollte, um Ratschläge zu geben, wenn etwas falsch lief. Das ist ein weiterer Beweis dafür, welches Gewicht die Stephensons der Mitarbeit Booths bei dem Unternehmen zumaßen. Obwohl nach den Bestimmungen der Dampfdruck 4 Kilo pro Quadratzentimeter nicht überschreiten sollte, schrieben die Regeln vor, daß der Kessel einen Druck von 12 Kilo pro Quadratzentimeter aushalten mußte. Robert ließ den Druck bis auf etwa 5 Kilo steigen – mit alarmierenden Auswirkungen. »Bei 5 Kilo pro Quadratzentimeter verschob sich der Kesselverschluß um sage und schreibe einen halben Zentimeter nach außen – Du kannst Dir leicht vorstellen, einen welch ungeheuren Zug das auf die Vernietung der Röhrenenden ausübte.« Man führte Zuganker in den Kessel ein, die ihn stabil halten sollten, und nach einigen Versuchen und noch mehr Ankern schien der Kessel allen Ansprüchen zu genügen.

Robert trug der Tatsache Rechnung, daß auch der nüchternste und unbestechlichste Beobachter durch äußeres Aussehen beeinflußt werden kann. »Rocket« mußte also nicht nur gut funktionieren, sondern auch gut aussehen. »Die Räder der Maschine haben dieselbe Farbe wie Wagenräder und haben eine ausgezeichnete Wirkung auf den Betrachter. Ich habe vor, den gleichen günstigen farblichen Eindruck mit der ganzen Maschine zu erwekken. Sie soll ein helles, freundliches Aussehen haben. Darauf müssen wir Wert legen.« Am 5. September schließlich – es war noch ein Monat bis zum großen Rennen – konnte Robert die Meldung machen, daß die Maschine in Ordnung war und alle Tests vorzüglich bestanden hatte. »Im Ganzen ist die Maschine in der Lage, bestimmt so viel, wenn nicht mehr zu leisten, wie in den Bestimmungen verlangt wird. Nach beträchtlichen Mühen sind wir so weit, daß die Röhren fest bleiben.« Er beendete seinen Brief mit der Nachricht, daß die Maschine bald nach Liverpool unterwegs sein würde, wo sie genau »am Mittwoch in einer Woche« eintreffen würde.

Für Robert Stephenson waren die folgenden Tage eine Mischung aus Hoffnung und Furcht: Hoffnung, daß die Preisträger-Maschine wirklich völlig in Ordnung war. Furcht, daß doch noch irgendetwas vor der Wettfahrt in Rainhill schief gehen könnte. Tatsächlich hätte das ganze Unternehmen sehr leicht unglücklich ausgehen können. »Rocket« war nicht die einzige Maschine, die man in Forth Street gebaut hatte. Die Geschäfte gingen lebhaft, und so hatte man gleichzeitig eine Maschine für Amerika hergestellt. Auch sie sollte nach Liverpool gelangen, allerdings auf dem Seeweg. Das Schiff kenterte an der schottischen Küste, so daß irgendwo unter den Meereswogen noch eine Stephenson-Maschine ruht und darauf wartet, gehoben zu werden. Ebensogut hätte dieses Schicksal »Rocket« ereilen können, die statt dessen über Land nach Carlisle und dann auf dem Schiffsweg nach Liverpool gebracht wurde. Irgendwo auf dem Wege erhielt sie ihren berühmten Namen. Ein Konkurrent war also startbereit.

Der Nordosten schickte zwei Bewerber ins Rennen. Shildons Ehre sollte von Timothy Hackworth verteidigt werden, der eine Lokomotive entwickelt hatte mit Namen »Sans Pareil«. Robert Stephenson hatte ein aufmerksames Auge darauf, was im Süden von Newcastle vor sich ging. Er kannte Hackworth sehr genau, kannte seine Verdienste und wußte, daß Hackworth mit »Royal George« die stärkste Maschine der Gegenwart gebaut hatte. Zwischen beiden bestanden besondere Gründe zur Rivalität, denn sowohl Stephenson als auch Hackworth hatten Maschinen auf der Stockton Darlington Strecke laufen. Für den Augenblick jedenfalls mußte man anerkennen, daß Hackworths Arbeiten besser waren als die Stephensons. Hier also war ein Konkurrent, der sehr ernst zu nehmen war.

In vielerlei Hinsicht waren Hackworth und George Stephenson ähnliche Typen, mit ähnlichem Hintergrund. Anders als Stephenson hatte Hackworth indessen eine Ausbildung erhalten; er war bis zum Alter von vierzehn Jahren zur Schule gegangen. Sein Vater ergänzte diese Ausbildung, indem er ihn zuhause weiter unterrichtete. Davon abgesehen aber erwarben sich beide, Stephenson und Hackworth, ihre Fähigkeiten durch langjährige Praxis in den Bergwerken. Dem Temperament nach waren sie recht verschieden. Hackworth war ein bescheidener Mensch, in keiner Weise von dem Dämon des Ehrgeizes besessen, der Stephenson quälte. Er war überdies ein tiefreligiöser Mann, Laienprediger in Wesley. Seine Glaubensüberzeugungen waren es, die ihn zwangen, nach 15 Jahren von Wylam Abschied zu nehmen. Das Management dort bestand nämlich auf Sonntagsarbeit, und Hackworth weigerte sich. Er war ein Mann von Grundsätzen, führte ein tadelloses häusliches Leben und zog sechs Töchter und zwei Söhne auf. Diese Beschreibung vermittelt vielleicht das Bild eines zwar tüchtigen, aber auch etwas beschränkten Mannes, eines typischen Methodisten des Viktorianischen Zeitalters, der fest in dem Glauben an die zwei Säulen der Gesellschaft: Kirche und Arbeit, verwurzelt war. Doch gibt es Gelegenheiten, wo ein ganz anderer Timothy Hackworth sichtbar wird. Als junger Mann z. B. liebte er es, zu tanzen, und obwohl er als Erwachsener dieser Neigung nicht mehr nachgab, brachte er seinen Kindern das Tanzen bei, eine Maßnahme, die ganz sicher nicht die Billigung der Methodistenkirche fand. Er war sehr belesen und hatte besonderes Interesse an Wissenschaft und wissenschaftlicher Forschung. Das unterscheidet ihn von vielen seiner Zeitgenossen, die wenig Kenntnis und Interesse in Bezug auf die theoretischen Grundlagen der Tätigkeit eines Ingenieurs besaßen. Aber im Jahr 1829 hatte er wenig Zeit für Lesen oder Tanzstunden. Er war vollauf damit beschäftigt, die häufig streikenden Lokomotiven der Stockton Darlington Linie zur Vernunft zu bringen. Außerdem mußte er an der Entwicklung von »Sans Pareil« mitwirken, wann immer er konnte.

»Sans Pareil« war im wesentlichen eine reduzierte Version von »Royal George«. Sie hatte zwei Paar Räder anstelle von drei, zwei Zylinder und einen Kessel mit Rücklaufrohr. Die Zylinder standen wieder senkrecht und ihre Kolben übertrugen den Antrieb mittels Kreuzkopf und Schubstange nach unten auf ein Paar Räder, die mit dem anderen Paar durch Stangen verbunden waren. Die Wettbewerbsregeln verlangten Federung, doch die Bewegung des Kolbens nach unten, gegen die Kraft der Feder, hatte unvermeidlich einen Verlust an Energie zur Folge. Hackworth versuchte, diesen Verlust sehr klein zu halten, indem er die Federung möglichst schwach machte. Die Maschine als ganze war groß und stark, leider etwas zu groß. Hackworth erhob später Einspruch gegen die vorgeschriebenen Daten. Die Schiedsrichter hatten nämlich moniert, daß das Gewicht der Maschine beträchtlich von der viereinhalb Tonnen Vorgabe für eine vierrädrige Maschine abwich. Hackworth setzte dem entgegen, daß sie, da die Last gleichmäßig auf alle vier Räder verteilt war, tatsächlich weniger Druck auf die Schienen ausübte als die im ganzen leichtere »Rocket«. Die Bestimmungen machten dem Buchstaben nach keine Aussagen darüber, wie die Last verteilt sein sollte, und so wurde das Urteil gefällt, daß »Rocket« den Bedingungen entsprach, »Sans Pareil« aber nicht. Dem Buchstaben des Gesetzes war

106

Die Reste des Originals von »Sans Pareil«, jetzt im Naturwissenschaftlichen Museum.

Genüge getan. Robert Stephenson hatte sich, während er sich in Shildon umtat, sein eigenes Urteil über »Sans Pareil« gebildet: »Ich hoffe sehr, daß unsere Maschine fast eine Tonne leichter sein wird als die seine«, schrieb er an Booth. Und so war es dann auch.

Hackworth mußte große Probleme überwinden, um eine Maschine für Rainhill vorzubereiten. Er hatte keine eigene Fabrik und verfügte über ein sehr geringes Kapital. Zwar bezog er ein Gehalt von der Stockton-Darlington-Gesellschaft, doch mußte er davon den Lebensunterhalt für eine große Familie von sechs Töchtern und zwei Söhnen bestreiten, denen er eine angemessene Ausbildung zukommen lassen wollte. Geld war knapp, noch knapper war Zeit; denn der Betrieb der Strecke durfte nicht vernachlässigt

107

Die Reste von »Rocket«, nach Rainhill stark verändert.

werden. Die Herstellung der Einzelteile mußte Firmen der Umgegend anvertraut werden: Longridge stellte den Kessel her, die Stephensons den Zylinder, andere Firmen bauten andere Teile. Schließlich mußte alles von Hackworth selbst zusammenmontiert werden. Er hatte Tag und Nacht zu arbeiten, um rechtzeitig fertig zu werden. Am Schluß verblieb so wenig Zeit, daß nur noch ein sehr oberflächlicher Test vorgenommen werden konnte, bevor die Maschine nach Liverpool verfrachtet wurde. Jedenfalls war keine Gelegenheit mehr für sorgfältige Versuche und Probefahrten, wie sie die Stephenson Werke ohne Schwierigkeiten durchführen konnten. »Sans Pareil« begab sich mit schweren Handicaps ins Rennen.

Das Trio der ernst zu nehmenden Bewerber wurde von »Novelty« vervollständigt, die gemeinsam von John Braithwaite und John Ericsson in London entwickelt wurde. Sie war so etwas wie ein Außenseiter im Vergleich zu

108

den anderen Maschinen, da sie weit weg in London gebaut worden und völlig unähnlich jeder anderen Maschine dieser Tage war. John Braithwaite war der ältere der beiden Konstrukteure. Sein Vater hatte eine kleine Fabrik in St. Albans besessen, bevor sich die Firma in der Hauptstadt ansiedelte. John Braithwaite war einer der wenigen, die Erfindungen machten und gleichzeitig noch selbst Gewinn aus diesen Erfindungen zogen. Er konstruierte z.B. eine Taucherglocke, mit der er sich selbst in die Tiefe des Meeres hinabließ, um Güter im Wert von 130000 Pfund aus einem gesunkenen Ostindienfahrer, dem »Earl of Abergavenny«, heraufzuholen. Der Vater John Braithwaite starb 1818 und hinterließ sein Unternehmen seinen beiden Söhnen, John und Francis. Als Francis 1823 starb, war John Alleinbesitzer. Der Hauptproduktionszweig der Fabrik waren Pumpmaschinen und verschiedene Typen von Hochdruck-Dampfmaschinen. Braithwaite lernte Stephenson im Jahre 1827 kennen, etwa zur gleichen Zeit, in der er auch einem jungen schwedischen Offizier begegnete, Captain John Ericsson, der damals gerade 24 Jahre alt war. Braithwaite, der auf Grund der Erfolge seines Vaters ein gesundes Selbstvertrauen besaß, glaubte fest an sein Erfinderglück, ein Glaube, der auch Ericsson nicht fehlte. Eine ganze Anzahl brauchbarer Erfindungen ging von den Braithwaite Werken aus, unter anderem die erste Dampf-Feuerspritze der Welt. Sie wurde bei einem Brand im Unterhaus und in der Oper eingesetzt und arbeitete recht gut, bis die regulären Feuerwehrleute, die dem frechen Eindringling auf die Finger klopfen wollten, ihre Schläuche auf die Heizanlage richteten. Das setzte dem Feuerwehrexperiment ein Ende.

Braithwaite war schon ein bekannter Mann, während sich Ericsson erst noch einen Namen machen mußte. Wenn die Stephensons in eine Kristallkugel sehen und die Zukunft hätten erblicken können, so hätten sie den jungen Schweden als ihren gefährlichsten Konkurrenten erkannt. Er schlug eine lange und höchst erfolgreiche Laufbahn als Ingenieur ein. Beweise für sein außergewöhnliches Talent hatte er bereits während seiner Militärzeit geliefert. Damals war er mit Vermessungsarbeiten betraut worden, wobei er sich nicht nur als der beste junge Offizier seiner Tage erwies, sondern sich auch durch Einfallsreichtum und Geschicklichkeit so auszeichnete, daß er alle anderen überflügelte und die Arbeit eines halben Dutzends anderer leistete. Doch war sein Herz nicht beim Soldatenhandwerk. Zu der Zeit, als er Braithwaite traf, hatte er ein Urlaubsgesuch eingereicht. Man hatte ihm verlängerten Urlaub bewilligt, damit er seinen Interessen im Bereich der Tech-

John Braithwaite.

John Ericsson.

109

nik nachgehen konnte. Leider fesselten ihn seine Projekte derart, daß er gar nicht bemerkte, daß die Urlaubsfrist abgelaufen war. Beinahe hätte man ihn vor ein Kriegsgericht gestellt. Doch fand er milde Vorgesetzte, die seine Abwesenheit nicht zu streng beurteilten und ihm sogar erlaubten, die Armee zu verlassen zugunsten seiner neuen Karriere.

Es gab also Anhaltspunkte, daß der junge Mann seinen Weg in der Welt machen würde. Im Lauf der Zeit erfüllten sich die Erwartungen, die man in ihn gesetzt hatte. Seine größten Leistungen erbrachte er in den Jahren nach Rainhill. Zwischen 1836 und 1838 entwickelte er einen Schraubenpropeller, den er in ein Boot einbaute, welches er dann auf eine Fahrt von London nach Manchester und zurück schickte. Dabei entwickelte es eine Geschwindigkeit von im Durchschnitt 9 bis 11 Stundenkilometern auf den Kanälen und 16 Kilometern auf den Flüssen. Leider war dies wieder einmal die richtige Erfindung zur unrechten Zeit: die Eisenbahnen waren im Kommen, nicht die Wasserwege. Doch Ericsson ging zur Marine, wo er seine Ziele weiter verfolgte, und begab sich schließlich nach Amerika. Dort, so hoffte er, würden seine Ideen eher Anklang finden. Er entwickelte den Schraubenpropeller weiter und entwarf ein eisengepanzertes Schlachtschiff, den »Monitor«. Das war ein Dampfer und das erste Schiff, welches einen drehbaren Geschützturm besaß. Während des amerikanischen Bürgerkrieges führte er in einer Depesche an Lincoln in wenigen Sätzen seine neue Philosophie der technischen Kriegsführung aus. »Die Zeit ist gekommen, Herr Präsident, da unsere Sache nicht durch die Zahl der Menschen, sondern durch die Überlegenheit der Waffen entschieden werden wird. Wenn Sie die neuen technischen Möglichkeiten richtig anwenden, werden Sie mit absoluter Sicherheit imstande sein, die Feinde der Union zu vernichten«. Diese beiden also waren das bemerkenswerte Gespann, das für die dritte Maschine verantwortlich zeichnete. Sie hatten noch einen Helfer im Hintergrund, Charles Vignoles, der begierig danach war, sich mit George Stephenson zu messen.

Braithwaite und Ericsson hatten von dem geplanten Rennen in Rainhill mehr oder weniger durch Zufall gehört, in einem Brief eines Freundes aus Liverpool. Sie begannen mit der Arbeit an ihrer Maschine gerade sieben Wochen vor Ablauf der Frist. Das war ein winziger Zeitraum für die Konstruktion und Herstellung einer neuen Lokomotive, vor allem wenn man bedenkt, daß beide niemals vorher eine gebaut hatten. Ihre Maschine erhielt den treffenden Namen »Novelty«. Die Konstruktion war durchaus

110

originell. Sie kam von der Feuerspritze her, war also auf die Straße und nicht auf die Schiene zugeschnitten. Während alle anderen Lokomotiven im Hinblick auf die Aufgabe, schwere Lasten zu ziehen, gebaut waren, wobei Geschwindigkeit eine weniger große Rolle spielte, wurde »Novelty« aus einem Fahrzeug entwickelt, das sich vor allem schnell bewegen sollte und so gut wie keine Lasten befördern mußte. In jeder Hinsicht unterschied sie sich total von den Bewerbern aus dem Nordosten, sowohl ihrem Aussehen als auch ihrer Mechanik nach. Sie wog weniger als drei Tonnen, einbegriffen sogar einen Tank für das Kesselwasser, der unter dem Fahrgestell angebracht war. »Novelty« war also die erste Maschine mit einem Tank. Sie besaß zwei senkrechte Zylinder, deren Kolben den Antrieb mittels einer Kurbel nach unten lenkten. Diese wiederum war durch eine horizontale Verbindungsstange mit einer Kurbel an den Räderachsen verbunden – die erste Lokomotive, die Kurbeln an den Achsen aufwies. Die größten Unterschie-

Rekonstruktion von »Novelty«, bei der die Räder und ein Zylinder noch vom Original stammen.

111

de freilich lagen in der Art und Weise, wie der Dampf geführt wurde. Sie war von der Feuerspritze übernommen worden. Das Feuer selbst brannte in einem Gehäuse, das einem Brennofen ähnelte. Von da aus schlängelte sich die Heizröhre nach vorne und bog sich zweimal zurück, bis sie sich als Schornstein nach oben richtete.

Der Kessel stand teils senkrecht (dort wo er den Brennraum umgab), teils horizontal rund um die S-förmige Heizröhre. Durchzug für das Feuer wurde von einem mechanischen Blasebalg erzeugt. Dies bedeutete, daß der ganze Brennofen abgeschlossen sein mußte, mit luftdichtem Aschenkasten unten und Verschlüssen oben. Letztere konnten vom Heizer geöffnet werden, wenn er Brennmaterial einfüllen mußte. Bei solchen Gelegenheiten war es natürlich notwendig, den Luftzug abzustellen, sonst hätte »Novelty« von kühnen und augenbrauenlosen Feuerwehrleuten bedient werden müssen. Der ganze Kessel war mit Kupfer umkleidet, was ihm, wie Stephensons Assistent John Dixon bemerkte, »ein sehr elegantes, salonmäßiges Aussehen gab, ähnlich einer neuen Teekanne.« Der Gesamteindruck jedenfalls war, wenn auch nicht salonmäßig, so doch sehr sportlich, mit dünnspeichigen Rädern und einem voll befederten Rahmen.

»Novelty« wurde in London, in Braithwaites Fabrik gebaut. Das Team hatte noch größere Schwierigkeiten zu meistern als Hackworth. Es stand nur der verzweifelt kurze Zeitraum von sieben Wochen zur Verfügung, in denen alles fertig werden mußte, und als es fertig war, fehlten Gleise jeder Art, auf denen die Lok hätte probefahren können. Wenn wirklich technische Fehler vorhanden waren, so würden sie erst im denkbar schlechtesten Augenblick bemerkt werden können: mitten im Ausscheidungsrennen.

Der vierte Bewerber hatte in Rainhill wenig zu melden. Er ist aber erwähnenswert wegen seiner ungewöhnlichen Dreistigkeit. Robert Stephenson hatte wenigstens einen Vorwand, so häufig Besuche in Shildon zu machen: die Stephenson-Lokomotiven wurden dort repariert. Was soll man aber von Timothy Burstalls schamloser Neugierde halten?

»Herr Burstall Junior aus Edinburgh ist nach Newcastle gekommen (schrieb Robert Stephenson). Ich hatte von Anfang an wenig Zweifel an seiner Absicht, zu spionieren. Aber aufs äußerste erstaunt war ich doch, als er heute in die Fabrikhalle hineinspazierte und unsere Maschine von allen Seiten betrachtete, in vollkommener Seelenruhe, bis wir entdeckten, wer er war. Freilich wird er kaum Zeit haben, Vorteil aus irgendwelchen Beobachtungen zu ziehen, die er während seines Besuches gemacht haben könnte.«

112

Zeichnungen für die Liverpool–Manchester–Strecke. Die offenen Dritte-Klasse-
Waggons sind kaum komfortabler als die Viehwägen.

Oben und rechts: *»Sans Pareil« fährt vor zum ersten Probelauf. Jane Hackworth Young steht triumphierend obenauf.*

Gegenüberliegende Seite: *»Rocket« in öffentlicher Vorführung im Hydepark zu London. Man sieht die im schiefen Winkel angebrachten Zylinder und das Antriebsrad.*

Oben: »Rockets« Holzrad mit
eisernem Mantel.

THE PROGRESS OF STEAM,
Alken's Illustration of Modern Prophecy.

A VIEW IN WHITE CHAPEL ROAD 1830.

einem Gönner für »Novelty«. Sein keineswegs unwilliges Opfer war William MacAlpine von den Flying Scotsman Werken. Er besitzt »Flying Scotsman« und andere Maschinen, die sich im Steamtown Verkehrsmuseum zu Carnforth befinden, und ließ sich davon überzeugen, daß »Novelty« eine ganz exzellente Bereicherung seiner Sammlung sein würde.

Im Unterschied zu »Sans Pareil« hatte »Novelty« keine geografischen Beziehungen. Daher übernahm das Unternehmen »Locomotion« die Aufgabe der Herstellung. So war also eine Einigung über den Bau aller drei Maschinen erzielt. Aber jetzt tauchten ganz neue Probleme auf.

Dem »Sans Pareil« Team standen die Möglichkeiten von British Rail zur Verfügung. Anders war es mit Unternehmen »Locomotion«: das war vorläufig mehr ein Name als eine Realität. Das erste, was notwendig war, war ein Platz, an dem gearbeitet werden konnte. Man fand ihn in den alten Kohlenschuppen an der Bowes Strecke bei Springwell, nahe bei Newcastle. In mancherlei Hinsicht hätte man keinen geeigneteren Platz wählen können. Die Strecke war eine der bedeutendsten Bergwerkslinien gewesen, erbaut in den Jahren nach 1820. Sie hatte die Gruben mit dem Wear Fluß verbunden, und war von Stephensons ehemaligen Vorgesetzten finanziert worden, den Grand Allies, als in Springwell selbst eine neue Grube eröffnet wurde und man die Linie bis nach Jarrow hinunter verlängern mußte. Der geeignete Ingenieur für diese Aufgabe war natürlich George Stephenson, und man zögerte nicht, ihm mit ihr zu betrauen. Freilich ist es unwahrscheinlich, daß er eine besonders aktive Rolle dabei spielte. Denn damals steckte er bis über die Ohren in den Arbeiten für die Stockton Darlington Strecke. Die Bowes Eisenbahn wurde im Januar 1826 eröffnet, und die ersten Lokomotiven wurden im April von Robert Stephenson geliefert. Was für einen besseren Platz hätte es also geben können für die Rekonstruktion der »Rokket« als die Kohlenschuppen einer Strecke, die in solch enger Beziehung zu den Stephensons stand? Trotzdem ist die Wahl dieses Platzes nicht ohne Ironie. Die Bowes Bahn ist heute nicht mehr als Bergwergsstrecke in Betrieb, sondern in den glänzenden Rang einer Vorführstrecke aufgestiegen. Wo aber andere derartige Strecken sich auf ihre Lokomotiven etwas zugute halten, besteht der Ruhm der Bowes Linie darin, daß sie eines der besten noch existierenden Beispiele für das Kabelprinzip mit stationären Maschinen ist. So wurde die Rekonstruktion der Maschine, die dazu bestimmt war, die Überlegenheit der Lokomotiven unter Beweis zu stellen, in der Nachbarschaft ihres größten Rivalen gebaut.

Unternehmen »Locomotion« übersiedelte zu Beginn des Jahres 1978 nach Springwell und fand sich in einer Gegend, die noch von der Atmosphäre der Vergangenheit lebte. Das übte große Anziehungskraft auf die Romantiker unter der Mannschaft aus. Andere freilich bemerkten vor allem ein paar kleine praktische Probleme – z. B. das Fehlen jeglicher Arbeitsmaschinen und ein riesiges Loch im Hallendach. Bevor man überhaupt mit der Arbeit beginnen konnte, mußten die Werkhallen instandgesetzt und Maschinen angeschafft und montiert werden. Also brauchte man zunächst einmal ein paar starke Leute, die harte Arbeit leisten konnten. Die Manpower Arbeitsvermittlung war gerade dabei, Jobs für Schulabgänger zu besorgen – ein akutes Problem im Nordosten mit seiner hohen Arbeitslosenquote. Unternehmen »Locomotion« konnte etwas einzigartiges anbieten. Vermittlung von Erfahrungen in einer ganzen Reihe von Bereichen der Schwerindustrie, eine interessante Arbeit und noch dazu eine, die ein konkretes Endprodukt haben würde, auf das jeder junge Arbeiter stolz sein konnte. Natürlich waren die zu bauenden Maschinen Rekonstruktionen der Originale aus dem 19. Jahrhundert, aber die Fähigkeiten, die verlangt wurden, waren solche aus dem 20. Jahrhundert, und sie wurden von hochqualifizierten Fachleuten vermittelt. Die Manpower Arbeitsvermittlung stimmte zu, so daß auch dieses Problem als gelöst zu betrachten war.
Weitere Überredungskünste waren nötig, um den Maschinenpark zu beschaffen. Er wurde zum größten Teil von den größeren Firmen der Gegend bereitgestellt. Manchmal kommt einem der Gedanke, daß die Verbrecherwelt einen höchst begabten Hochstapler verloren hat, als Mike Satow den ehrenhaften Beruf eines Ingenieurs ergriff. Schließlich konnte man wirklich mit der Arbeit beginnen und entwarf die Pläne für die beiden Rekonstruktionen. »Rocket« hatte Priorität, da sie neun Monate vor den Rainhill Feierlichkeiten geliefert werden sollte.
Die erste Phase jeder Konstruktion besteht in der Erstellung von Werkzeichnungen. Das ist ein so selbstverständlicher Vorgang im Alltag eines Ingenieurs, daß man sich kaum ein Projekt ohne diese notwendige Vorbereitung vorstellen kann. Doch beim Original Stephensons fehlte dieser Vorgang vollständig. Der Lokomotivenbau steckte noch in den Kinderschuhen. Nicht nur die Arbeiter, sondern auch die Führungskräfte ermangelten oft der Grundkenntnisse, um mit den Schwierigkeiten des technischen Zeichnens zu Rande zu kommen. Jedoch hatten die Zeichner des Rekonstruktionsprojektes einen klaren Vorteil: » Rocket« existiert ja noch, zugegebe-

nermaßen ein bißchen altersschwach, und außerdem, was ebenso vorteilhaft war, gab es noch die Zeichnungen, die für die Rekonstruktion 1929 angefertigt worden waren. Freilich waren damit nicht alle Wege geebnet. Denn die Rekonstruktion sollte wirklich funktionieren und sollte den modernen Anforderungen an Sicherheit und Leistung entsprechen – Anforderungen, die von dem Original 1829 bestimmt nicht erfüllt worden wären. Daher war eine Reihe von Änderungen vorzunehmen. Dabei mußte Satow neben der Absicht, die Aufsichtsorgane zufriedenzustellen, noch andere Ziele im Auge behalten: er war sich der Pflichten gegenüber seinen jungen Arbeitern bewußt. Heute ist wenig Bedarf für Qualifikationen eines Industriefacharbeiters aus dem 19. Jahrhundert. Daher entschloß sich Satow, moderne Herstellungstechniken anzuwenden. Für ihn war das wichtigste, daß die »Rocket« von 1979 genau so aussah wie die von 1829 und daß ihre Mechanik in gleicher Weise funktionierte. Alles andere war zweitrangig. So weist die Rekonstruktion Schweißstellen auf, wo beim Original genietet wurde; um aber ein identisches Aussehen zu erzielen, führte man nachträglich »kosmetische Vernietungen« an den Schweißstellen durch. Puristen

»Rockets« Kessel mit den Röhren an Ort und Stelle.

123

Mike Satow, voller Spannung (links) beim offiziellen Test von »Rockets« Kessel.

mögen sich daran stören. Aber Puristen werden wahrscheinlich niemals Versicherungsschutz für einen Kessel leisten müssen. Es gibt also Unterschiede in der Herstellungstechnik, die allerdings auf den ersten Blick nicht wahrzunehmen sind. Außerdem gibt es einige wesentliche konstruktive Unterschiede zwischen der Maschine von 1979 und der von 1829. Der wichtigste betrifft den Kessel: der ursprüngliche hatte 25 Kupferröhren gehabt. Auf dieser Grundlage hatte das große Experiment des Kessels mit mehreren Röhren begonnen. Da es zu einem vollen Erfolg wurde, vergrößerte Stephenson die Anzahl der Röhren bei den folgenden Maschinen sofort bis auf neunzig.

Die Rekonstruktion wurde nach dem Muster dieser späteren Modelle gebaut, auch sie hatte neunzig Röhren. Das garantierte freieren Dampffluß, einen dem Druck gegenüber stabileren Kessel und blieb doch im Rahmen der Stephensonschen Idee. Es bedeutet freilich auch, daß wir nicht mehr in der Lage sind, die Leistungen der ersten »Rocket« genau abzuschätzen. Wir können nur die Leistungen der veränderten und verbesserten Version bestimmen, die auf der Liverpool Manchester Strecke eingesetzt wurde.

Wenn man die Einschränkungen durch die modernen Anforderungen an die Sicherheit und die Anpassungen in Rechnung stellt, die vorgenommen werden mußten, um die neue »Rocket« funktionsfähig zu machen, so ist man weit mehr erstaunt über das Ausmaß der Ähnlickeiten als über die Unterschiede. Einige der zusätzlichen Vorrichtungen würden sicher die Billigung der Stephensons gefunden haben, namentlich der Wasserstandsmesser am Ende des Kessels. Bevor dieser erfunden war, war die einzige Möglichkeit für den Führer, den Wasserstand im Kessel zu messen, die Öffnung eines Probierhahns. Dann konnte er, indem er auf die pfeifenden Ausströmgeräusche hörte, zu erraten versuchen, ob das, was er hörte, ausströmender Dampf oder Wasser war, das sich gerade zu Dampf verflüchtigte. Wie sehr unterschieden sich doch die Arbeitsbedingungen in Springwell 1979 von denen in Forth Street 1829! [1]

Eine Fabrik im frühen 19. Jahrhundert aufzubauen war eine ganz andere Sache als heutzutage. Damals bestanden die Gebäude aus einer Maschinenhalle, an die sich ein Kesselhaus anschloß, welches die Energie für die Bohr- und Schleifarbeiten, für die Arbeitsmaschinen und die Anfertigung von Modellen liefern mußte. Die damalige Fabrik stand in der Nachbarschaft zu Burrells Gießerei, die in den ersten Jahren Gießereiprodukte lieferte. Der erste Auftrag an diese Gießerei bestand in Gußstücken für die

---

[1] Ein großer Teil der Informationen, die wir über die Fabrik der Stephensons haben, stammt aus einer Untersuchung »Robert Stephenson & Co. 1823–1829«, die im April 1979 für die Newcomen Gesellschaft verfaßt wurde. Ich statte hiermit ihrem Autor, Michael R. Bailey, meinen Dank ab für die Erlaubnis, diese Unterlagen zu benützen.

124

Dampfmaschine, die von den Stephensons entworfen worden war. Es handelte sich um eine »Grashüpfer« Maschine mit einem Zylinder von 32 cm Durchmesser. Dann wurden Maschinenteile benötigt, die von den Schmieden und Gießern des Unternehmens selbst hergestellt wurden, ausgenommen die Messingstücke für Lager und so weiter, die man sich von außerhalb beschaffte. Später kam noch eine Schmiedewerkstatt und eine Werkstatt für die Montage von Maschinen hinzu, und in dem Maße, wie das Unternehmen wuchs, wuchs auch die Nachfrage. Burrells war nicht mehr in der Lage, diese Nachfrage nach Gußstücken zu decken. Daher mußten die Stephensons 1825 ihre eigene Gießerei errichten. Jetzt konnte alles, mit Ausnahme der Messing- und Kupferarbeiten, im eigenen Betrieb produziert werden. 1829 lief die Produktion auf vollen Touren. Die Fabrik lieferte nicht nur Eisenbahnen und Zubehör, sondern eine ganze Reihe von anderen Maschinen, von Kränen bis zu Maschinen für die Papierherstellung. Einige der Herstellungsmethoden, die bei der Produktion von »Rocket« angewendet wurden, haben sich im Lauf der Jahre überraschend wenig geändert. Zum Beispiel das Gießen. Der erste Schritt bei der Herstellung eines Gußstückes bestand darin, daß ein Modellmacher es in Holz schnitzte. Dieses Modell aus Holz wurde dann in einen Kasten mit einer besonderen Art von Sand gedrückt, der einen vollkommenen Abdruck, die Mulde, aufnahm, klar und scharf. Roh- und Schrotteisen wurden daraufhin in einen Schachtofen oder eine Esse gegeben. Das geschmolzene Metall rann aus in eine Wanne und wurde in die Mulde gegossen. Heutzutage laufen die Gießkästen in der Regel auf einem Fließband, und man bedient sich mechanischer Vorrichtungen, um die Wannen voll heißen Metalls zu bewegen, aber bei einmaligen Gießvorgängen wie denen für die Rekonstruktionen ist alles noch genau so wie es in Stephensons Tagen war.

Gießen ist ein qualifiziertes Handwerk, es ist nicht einfach zu beherrschen. Wir haben keine Anhaltspunkte dafür, wie große Schwierigkeiten der Guß von »Rockets« Zylindern 1829 aufwarf. Den Gießern des 20. Jahrhunderts jedenfalls machte er einiges zu schaffen. Um zwei gute Zylinder zu erhalten, mußten sie nicht weniger als acht Gußversuche machen. Die größte Schwierigkeit lag in der Kompliziertheit des Stücks. Das Ventilgehäuse für den Dampfeinlaß und -auslaß war als Bestandteil des Zylinders zu gießen. Das Holzmodell läßt einen Hohlraum zurück, der völlig mit geschmolzenem Metall ausgefüllt wird. Wo also ein Loch in dem fertigen Stück sein soll, muß ein Kern in den Hohlraum gelegt werden, der diesen Bereich frei

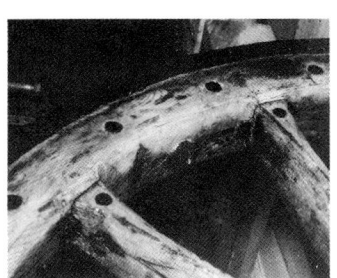

Ein Ausschnitt aus einem von »Rockets« originalen Holzrädern.

von Metall hält. Alle Löcher für den Dampffluß mußten auf diese Weise hergestellt werden. Man legte Kerne in die Mulde, die sich manchmal in der Schmelzmasse verschoben und Fehler in dem Gußstück verursachten: einige Stellen waren gefährlich dünn. Dieses Problem beschäftigte die Stephensons sicher ebenfalls. Als Mike Satow an der Nachbildung einer anderen Stephenson Maschine, »Invicta«, baute, die 1830 für die Canterbury Whitstable Strecke hergestellt worden war, fand er heraus, daß die Stephensons damals ihre Entwürfe geändert hatten, womit sich das Gußproblem erübrigte.

Um Originaltreue bei der Rekonstruktion zu erreichen, mußte Unternehmen »Locomotion« gelegentlich die Dienste von Spezialisten in Anspruch nehmen. Im Unterschied zu späteren Maschinen waren die Antriebsräder von »Rocket« aus Holz, mit einem eisernen Mantel, der um den Rand gelegt war. Das Handwerk, das dafür benötigt wurde, war das des Wagenschmieds, der längst schon ausgestorben wäre, wenn nicht in neueren Zeiten wieder Interesse an von Pferden gezogenen Wägen entstanden wäre. Aber Herr Bailey, der diese Räder herstellen sollte, sah sich Schwierigkeiten gegenüber, die seine Vorgänger bestimmt nicht gehabt hatten. Sie nämlich konnten über Stapel von wertvollem, altgelagertem Holz verfügen. Heute jedoch, bei relativ geringer Nachfrage und hohen Preisen, gibt es solches Holz kaum noch. Die Räder sollten aus Eiche und Esche sein. Obwohl es Herrn Bailey glückte, geeignetes Holz zu finden, mußte er doch feststellen, daß das Eschenholz nicht so trocken war, wie es nötig gewesen wäre. Die Tätigkeit selbst hat sich im Lauf der Jahre, ja der Jahrhunderte wenig geändert. Herrn Baileys eigener Familienbetrieb wurde 1880 gegründet. Aber es war, dessen war er sich sicher, das erste Mal, daß er den Auftrag bekommen hatte, Räder für eine Lokomotive herzustellen.

Räder zu fertigen ist ein höchst kompliziertes Handwerk, das Genauigkeit erfordert. Die Enden der Speichen müssen zu Zapfen geschnitten werden, die in Falze in der Nabe oder der Felge passen. Die Abstände der Falze müssen genau gleich sein. Die Speichen müssen nach Einsetzen in die Falze unter Spannung stehen, so daß Druck sie fest im Rade hält, obgleich im falle der Räder von »Rocket« die Speichen dermaßen schwer und solide waren, daß wenig Spannung möglich war. Die Speichen werden dann mit Speichenhobeln abgehobelt, um das Gewicht zu reduzieren, ohne jedoch die Tragfähigkeit zu beeinträchtigen. Die letzte Arbeit – das Anbringen des eisernen Mantels – ist der interessanteste Teil des Ganzen. Der Eisenring

126

*Der eiserne Mantel wird erhitzt,
bevor er auf das hölzerne Rad
der »Rocket«-Rekonstruktion
aufgesetzt wird.*

wird in glühendem Zustand um die Felge gelegt und unmittelbar darauf
abgekühlt, so daß er sich zusammenzieht, bevor er das Holz entflammt.
Rauch steigt in Wolken auf, die Luft ist schwer vom Geruch versengten Hol-
zes, und Schmied und Wagenschmied warten mit Spannung, ob sie alles
richtig gemacht hatten. Für Herrn Bailey, der gezwungen gewesen war,
feuchtes Holz zu verwenden, waren das besonders aufregende Momente.
Er konnte nur hoffen, daß es doch genügend trocken geworden war.
Andernfalls wäre das Holz unter der Hitze geschrumpft, und der Mantel
würde zu lose aufsitzen. Zum Glück stellte sich heraus, daß alles gelungen
war.
Größere Einzelteile des Originals waren damals nach außen an fremde Firmen vergeben worden, vor allem aus Zeitmangel. Die Konstruktion des separaten Brennraums – der für das gute Funktionieren des Kessels von »Rokket« von großer Bedeutung war, hatte sich allerdings Robert Stephenson
persönlich vorbehalten. Es ist bekannt, daß er selbst die Herstellung dieses
Teils und den Einbau der inneren Streben, die das Gehäuse stabil hielten,

*Robert Stephensons Original-
zeichnung von »Rockets«
Brennraum, der sich nach Fer-
tigstellung als nicht maßgerecht
erwies.*

*Die Geschichte wiederholt sich:
auch der Brennraum der Rekonstruktion entsprach nicht
den Erwartungen.*

ständig überwachte. Und trotzdem: Als es von den Herstellern in die Forth Street geliefert wurde, mußte er feststellen, daß es doch nicht völlig einwandfrei war. Auch fünfzig Jahre später wurde der Brennraum an andere Hersteller vergeben – wiederum kam er nicht ganz fehlerfrei zurück. Das ist eben Fortschritt.

Was würden die Stephensons gesagt haben, wenn sie ihre Nachfolger in Springwell gesehen hätten? Hätten sie die renovierte und wiederaufgebaute Fabrik wiedererkannt? Äußerlich hatten sich die Gebäude im Lauf der Jahre wenig verändert. Auch die Fertigungsverfahren hatten sich erstaunlicherweise kaum gewandelt. Während des strengen Winters 1978/79 mußte die Arbeit wegen der Kälte manchmal völlig eingestellt werden. Außerdem wurde sie gelegentlich durch Vorkommnisse behindert, die es bei den Stephensons noch nicht gegeben hatte – durch Vandalismus. Im Oktober 1978 platzte Mike Satow verstört in die offizielle Eröffnungsfeier des Konkurrenzbetriebes, der Soho-Fabrik in Shildon. Von Zerstörungswut befallene Leute hatten Springwell in der Nacht zuvor einen Besuch abgestattet. Es war allerhand angerichtet worden, aber niemand konnte schon sagen, in welchem Ausmaß. Später stellte sich heraus, daß es eher dumme und aus

128

Langeweile unternommene Streiche gewesen waren als bösartige Handlungen. Alles war mit Farbe beschmiert worden. Es sah schlimm aus, aber nachdem man einige Tage kräftig geschrubbt hatte, war alles wieder in Ordnung. Man kann sich vorstellen, wie George Stephenson diese Angelegenheit beurteilt hätte; Mike Satows Kommentare, die im Druck nicht wiedergegeben werden können, dürften ganz ähnlich gewesen sein. Andererseits hätten die Stephensons die Nachfolger sicher um ihre moderne Ausstattung beneidet und wären besonders von der Genauigkeit beeindruckt gewesen, die mit modernen Werkzeugmaschinen erreichbar war. Sie würden wahrscheinlich auch von der Jugend der Arbeiter überrascht gewesen sein. Im ganzen hätten sie wohl den Eindruck gewonnen, daß sich die Qualifikationen der Leute kontinuierlich von ihren Tagen bis zu Mike Satow und seinen Mitarbeitern fortgeerbt hatten.

Mike Satow ist heute der Ansicht, daß seine Arbeit an den Rekonstruktionen ihm ein besseres Verständnis für den Ingenieur Stephenson verschafft hat. Stephenson war nach Meinung Satows vor allem ein Ingenieur mit Intuition, ein Mann, der in der Phantasie das Endprodukt vorwegnahm und sich von diesem Ziel aus nach rückwärts tastete, innerlich Detail nach Detail entwerfend. Dieses neue Verständnis half Satow, seine eigenen Schwierigkeiten beim Entwurf zu lösen. Manche Teile der Originalmaschine waren verlorengegangen, und beim Versuch, sich vorzustellen, wie sie beschaffen gewesen sein mochten, mußte sich Satow in die Situation von 1829 zurückdenken: Welche Quellen standen Stephenson zur Verfügung, welche Möglichkeiten hatten seine Arbeiter, wie pflegte er ähnliche Probleme anzugehen? Auf diese Weise gelangte er schließlich zu seinen Entscheidungen, und es bedeutete ihm nicht geringe Befriedigung, zu entdecken, daß Lösungen, die er auf diesem Wege gewonnen hatte, sich, nach späteren Untersuchungen, als historisch korrekte Lösungen herausstellten.

»Rocket« wurde im Sommer 1978 fertiggestellt, wurde aber nicht mit Champagner getauft, sondern mit dem gemäßeren Newcastler Starkbier. Im August wurde sie öffentlich ausgestellt und dampfte im Hydepark vor den Augen der Leute herum. Es war ein denkwürdiger und imposanter Anblick. Diejenigen, die das Glück hatten, auf der Maschine zu fahren, waren tief beeindruckt von ihrer Leistungsfähigkeit. Besonders interessant war es, die Art des Fahrens mit der auf der Nachbildung von »Locomotion« zu vergleichen. »Rocket« erschien sowohl leichter als auch schneller, sie bewegte sich ohne Stöße und machte ruhige Fahrt. Am beeindruckendsten

129

aber war ihre Schnelligkeit. Man kann sich gut vorstellen, wie aufregend das
für die Menschen gewesen sein muß, die das Original haben dahinrollen
und auf Herz und Nieren haben prüfen sehen. Alle historischen Berichte
sprechen von »Rocket« als einer guten Maschine, doch kann man sich niemals völlig sicher sein, wie gut sie in der Praxis war. Vor allem hingen ja
auch die damaligen Urteile von den damaligen Erwartungen ab, die sicher
von den heutigen verschieden waren. Fast mit einer kleinen Erleichterung
konstatierte man, daß »Rocket« tatsächlich in jeder Hinsicht so außerordentlich war, wie man es sich immer vorgestellt hatte.

Die Probleme, die beim Bau der Rekonstruktion von »Novelty« zu bewältigen waren, waren wesentlich größer als im Falle von »Rocket«. Das Original
existiert nur noch in Form von einigen Stückchen und Teilchen, die noch
dazu verändert worden sind und die man provisorisch in eine hölzerne
Attrappe im Anbau des Naturwissenschaftlichen Museums eingeflickt hat.
Immerhin gibt es Zeichnungen für ein vollständiges Modell. Sie waren der
Ausgangspunkt für die Werkzeichnungen der Rekonstruktion. Diese sollten von einem Team aus Lehrlingen der British Steel in Teeside angefertigt
werden. Man legte ihnen das Projekt als Teil ihres Ausbildungsprogram-
mes vor – eine willkommene Abwechslung der Arbeit an den Hochöfen,
wie einer von ihnen bemerkte. Sie bemerkten bald, daß diese Zeichnungen
ihnen einiges abverlangten.

Die größte Schwierigkeit für dieses Team war die Unvollständigkeit des Originals und der Mangel an Dokumentationsmaterial, das diese Unvollständigkeit hätte ausgleichen können. Es war zum Beispiel bekannt, daß der
Zug auf das Feuer unter dem Feuerrost durch einen Blasebalg erzeugt wurde, der von einer Kurbel angetrieben wurde. Aber wie sah dieser Blasebalg
aus? Welche Form hatte er genau? Niemand weiß es sicher, so daß die
Zeichner keine andere Möglichkeit hatten, als mit Skizzen zu beginnen und
ihre eigene Form eines Blasebalgs zu entwerfen. Es ist einfach unmöglich,
festzustellen, ob die British Steel Version dieselbe ist wie die Version von
Braithwaite und Ericsson. Als aber die Konstruktion schließlich eingebaut
war, sah sie ganz so aus wie am Original.

Die Konstrukteure modifizierten überdies nach eigenem Gutdünken. Aus
den Zeichnungen, die für das Modell im Naturwissenschaftlichen Museum
angefertigt worden waren, gewannen sie den Eindruck, daß die Ventile für
den Ein- und Auslaß des Dampfes unzureichend waren. Die Ventil-Steue-
rung vor allem war offensichtlich nichts anderes gewesen als ein Metall-

130

Der noch vorhandene Original-zylinder von »Novelty«.

Herstellung des Holzmodells für den Zylinder der Rekon-struktion von »Novelty«.

Das geschmolzene Metall wird in die Mulde gegossen.

Der Zylinder der Rekonstruk-tion wird nach dem Gießen vom Sand befreit.

*Montage von »Novelty«. Die
Nabe wird mit Metallspeichen
versehen.*

*Nabe und Speichen neben dem
Fahrgestell. Justieren der Federung, die später unter dem
Fahrgestell angebracht werden
wird.*

*Die Zylinder an Ort und Stelle,
mit dem Blasebalg im Vordergrund.*

stück, das sich am Ende einer Stange bewegte. Die Zeichner sahen voraus, daß eine solche Konstruktion unter den Erschütterungen der laufenden Maschine leicht verrutschen und daß die Stange sich biegen oder brechen konnte. Deshalb bauten sie ein eigenes Lager zur Führung und Verstärkung ein. Erst nachdem sie dies getan hatten, bekamen sie die Möglichkeit, die Reste dieses Ventils am Original zu sehen und zu messen. Sie konnten nachweisen, daß die Probleme, die sie vorausgesehen hatten, tatsächlich aufgetreten sein mußten und daß man die Maschine während ihrer Arbeit immer wieder hatte neu abdichten müssen.

Beim Bau der Räder von »Novelty« war es nicht notwendig, einen Wagenschmied zu Hilfe zu rufen. Sie waren nämlich noch vorhanden und stellen den Typ dar, den Theodore Jones 1826 patentieren ließ. Der Mantel ist schmiedeeisern, auf eine gußeiserne Felge gepreßt, und die Speichen, bloß zwei Zentimeter im Durchmesser, sind ebenfalls aus Gußeisen. Es ist notwendig anzumerken, daß »Rockets« Räder für einen schweren Wagen entwickelt wurden, während die von »Novelty« ein leichtes Gefährt tragen sollten. Beider Stil hätte kaum gegensätzlicher sein können und bestätigt wieder die Wichtigkeit, die der äußeren Erscheinung zukommt. »Novelty« hatte ein elegantes, sportliches Aussehen, was sie sofort zum Favoriten der Besucher des Rennens machte, sogar auch derjenigen Fachleute, die sich weniger leicht hätten beeindrucken lassen dürfen. Auch die Zylinder unterschieden sich von denen bei »Rocket«. Anstelle einer konstruktiven Einheit von Ventilgehäuse und Zylinder finden wir hier einen separaten Zylinder, wobei die Zylinderausgänge und das Ventilgehäuse für sich hergestellt und dann angeschraubt wurden. Das bedeutete eine Vereinfachung des Gießverfahrens, doch wurde die mögliche Kostenersparnis durch den größeren Verbrauch an Messing aufgewogen. Von welcher Seite man »Novelty« auch betrachtet: sie stellt einen Gegensatz nicht nur zu »Rocket«, sondern zu jeder anderen denkbaren Lokomotive dar. Auf jeden Fall bereitete sie den Erbauern der Rekonstruktionen das größte Kopfzerbrechen. Einer aus dem Team machte, leicht verwirrt, die Bemerkung: »Es ist erstaunlich, daß so etwas überhaupt funktioniert hat. Es konnte nur nach der Devise ›Alles oder Nichts‹ gehen. Als sie sich damals auf diese Konstruktion einließen, hatten sie sicher eine Menge Probleme.« So war es in der Tat. Zum gegenwärtigen Zeitpunkt ist die Rekonstruktion von »Novelty« noch nicht fertig. Es wird sich herausstellen, wie sie sich bewährt.

Bei »Sans Pareil« bewegt man sich auf festerem Boden. Das Original exi-

Rekonstruktion »Noveltys« im Frühjahr 1980 – die Montage nähert sich dem Ende.

Das Rücklaufrohr von »Sans Pareil« wird in den Kessel eingeführt.

stiert noch und kann im Naturwissenschaftlichen Museum in London besichtigt werden. Die Herstellung der verschiedenen Teile der Rekonstruktion war unter einzelne Betriebe der BREL verteilt worden. Wenn wir jetzt der Reihe nach die Arbeit an diesen Teilen betrachten, dann wird sich allmählich ein Gesamtbild der Maschine abzeichnen, so daß wir ihren Stellenwert in der Entwicklung der Eisenbahnen insgesamt beurteilen können. Der Rücklaufkessel z. B. wurde in Crewe hergestellt. Ringsherum in der Halle sah man die Wägen und Lokomotiven einer neuen Generation von Hochleistungszügen. »Sans Pareil« wirkte wie ein Knirps unter Riesen, und die Konstruktion des Kessels, die schon auf dem Papier merkwürdig anmutet, sah in der Praxis noch merkwürdiger aus. Der Rücklauf ist nichts anderes als ein weites Rohr, das U-förmig zurückgebogen und am vorderen Ende zur Unterbringung der Feuerung bauchartig erweitert ist. Es mußte nur in den großen Eisenzylinder des Kessels eingeführt und am Kesselende fest mit ihm verbunden werden: damit war die Angelegenheit erledigt. Für das Ganze brauchten zwei Arbeiter, die über das moderne technische Hilfsmittel eines Kranes verfügten, nur ein paar Minuten. Für Hackworth und

134

sein Team war es wohl nicht ganz so einfach – sie besaßen nur einen Flaschenzug, aber auch so war es eine wenig komplizierte Operation, viel leichter als die, mit der sich Robert Stephenson herumschlagen mußte, als er seine Kupferröhren im Kessel befestigte.

Sieht man sich in Shildon um, wo die endgültige Montage von »Sans Pareil« stattfand, so erhält man sofort den Eindruck, daß der Ort für diese Arbeit gut gewählt war. Man verläßt die Hauptstraße bei den lärmenden BREL Werken, fährt alte Häuserreihen entlang und blickt plötzlich auf die betriebsame Strecke und die Reste des alten Stockton Darlington Geländes. Dort findet sich eine kleine Reihe schlichter Eisenbahnschuppen. Einer von ihnen verrät noch seine ursprüngliche Bestimmung in seiner Aufschrift »S. & D. R. – G 9«. Außerdem liegt da das Hackworth Museum, davor ein Stück Gleis mit Fischbauchschienen, die auf Steinblöcken aufsitzen, und gegenüber der Betrieb, in dem die Montage stattfand. Die alten Soho-Werke stammen aus dem Jahre 1830, als sich Hackworth schon in einer etwas zwiespältigen Lage der S. & D. R. gegenüber befand. Denn 1833 verließ er das Unternehmen und machte seinen eigenen Betrieb auf zur »Fabrikation von Lokomotiven, Schiffs-, Hochdruck- und anderen Dampfmaschinen«, während er

Das »Sans Pareil« Kessel-System wird auf die Räder niedergelassen, vor den Soho-Werken bei Shildon.

135

zur gleichen Zeit aber auch verpflichtet war, für den Betrieb der Maschinen der Gesellschaft zu sorgen. Soho weitete sich zu einer Ansammlung von Gebäuden aus. Das einzige, das bis heute überlebte, hatte eine sehr abwechslungsreiche Geschichte. Zuerst wurde es für Malerarbeiten benutzt. Im Lauf der Jahre wurde es verlängert, und das Dach wurde angehoben, damit Lokomotiven hineinfahren konnten. Es besitzt zwei Untersuchungsgruben für die Lokomotiven und, höchst überraschend für damalige Zeiten, eine Art von Fußbodenheizung. Vielleicht ist es nicht der tatsächliche Geburtsort von »Sans Pareil«, konnte es aber nach allen Gegebenheiten durchaus sein. Die Montage der Rekonstruktion wurde vom Ausbildungsleiter der BREL überwacht, Colin Umpleby, einem Mann, der sich der großen Eisenbahntradition Shildons sehr bewußt war. Heutzutage stellen die Werke Güterwägen her, aber obgleich mehr als ein Jahrhundert seit dem Bau der letzten Dampflokomotive dort vergangen ist, ist man recht stolz auf »Sans Pareil«. Wenn eine Aura der Stephensons Mike Satow umgibt, so liegt ganz gewiß ein Hauch von Hackworth in Colin Umplebys Verhalten. Sein eigentliches Problem bestand darin, daß er sich der alten Methoden der Montage bedienen mußte. In unseren Tagen der Massenproduktion erwartet man, daß die Stücke und Teile, die in den Zeichnungen zueinander passen, auch wirklich zueinander passen werden. Im Falle von »Sans Pareil« mußte man das alte Geschäft des Schneidens und Hobelns wiederaufnehmen, die alten Tugenden des Spänens wiederbeleben. Das war natürlich anstrengend, aber die Gespräche mit den Männern, die diese Arbeit ausführten, ergaben, daß sie mehr als zufrieden damit waren. Die neue »Sans Pareil« war eine große Leistung der Shildon-Werke.

Wenn man im Herst 1979 den Betrieb betrat und zuschaute, wie der Rahmen und der Kessel auf die Räder montiert wurde, dann verstand man sofort, weshalb Robert Stephenson sagte, daß »Sans Pareil« ganz danach aussah, als ob sie zu schwer wäre. Man sah eine Maschine, die viel viel größer als »Rocket« war. Sie war eben ein Arbeitspferd, sollte vor allem stark sein und große Lasten transportieren können. Wie ein Sprinter, wie »Novelty«, sah sie also keineswegs aus, aber sie machte auf den Betrachter auch nicht den gleichen Eindruck wie »Rocket«. Wo diese noch leicht und schnell wirkte, erweckte »Sans Pareil« den Eindruck von Plumpheit. Der äußere Anschein kann freilich trügen. »Sans Pareil« sollte beweisen, daß sie zu erheblichen Geschwindigkeiten fähig war. Aber niemand, der sie zum ersten Mal sah, hätte auch nur sein Hemd auf diesen Bewerber gewettet.

136

strick, der, zusammen mit seinem Partner William Foster, einen Betrieb in
Stourbridge besaß, welcher eine Anzahl von Lokomotiven produziert hat,
u. a. »Agenoria«, die heute im Nationalen Eisenbahnmuseum steht.
Nicolas Wood, der andere, war Chefingenieur in Killingworth und hatte so
viel Erfahrung mit arbeitenden Lokomotiven wie nur irgendeiner. Später
wurden Vermutungen laut, daß die Richter befangen gewesen seien, und
daß Leute wie Wood natürlich Stephenson begünstigt hätten – doch ist
schlecht zu sehen, wer als Schiedsrichter qualifizierter hätte sein oder wo
anders man einen Ersatz hätte finden können als in der einzigen Gegend,
wo Lokomotiven eben ständig arbeiteten: in den Bergwerksgeländen von
Northumberland und Durham. Und die allermeisten dieser Leute standen
in Beziehungen zu Stephenson. Der dritte Schiedsrichter kam aus einer völlig anderen Branche: John Kennedy, vielleicht der bedeutendste Baum-
wollfabrikant seiner Zeit. Er hatte unmittelbares Interesse daran, daß die
Lokomotiven ein Erfolg wurden, und besaß genügend Kenntnisse, um die
Maschinen beurteilen zu können.
Die Maschinen wurden ordnungsgemäß auf der Brückenwaage gewogen.
Bei dieser Gelegenheit zeigte sich das leidige Übergewicht von »Sans Pareil« zum ersten Mal. Hackworth verlangte nochmalige Wägung. Es wurde
ihm abgeschlagen. Offiziell wurde die Maschine als übergewichtig beurteilt,
wurde aber nichtsdestoweniger zum Wettkampf zugelassen, so daß der
Schaden nicht groß war. Leider ist dies ein Punkt, wo die Rekonstruktionen
keine Klärung bringen konnten – die Unterschiede zum Original sind hier
zu groß. Aber ganz gewiß wird jeder, der »Sans Pareil« sieht, Stephenson
beistimmen: sie schaut gigantisch aus. Man kann sich den Sturm der Entrüstung vorstellen, der ausgebrochen wäre, wenn »Sans Pareil« gewonnen
hätte: das hätte den Richtern einiges Kopfzerbrechen verursacht. So aber
machten die Anhänger Hackworths, nachdem die Entscheidung gefallen
war, großen Lärm und wiesen mit Nachdruck auf die ungleichen Lasten auf
den Rädern von »Rocket« hin. In jedem Fall muß festgestellt werden, daß,
vorausgesetzt, die Wägung von »Sans Pareil« war korrekt, »Rocket« die ge-
setzten Bedingungen erfüllte, die Maschine Hackworths aber nicht. Im
Endeffekt war das alles sowieso nur von akademischem Interesse.
Der erste Tag sollte noch keine ernsten Kämpfe bringen, sondern den Bewerbern Gelegenheit geben, sich vor dem Publikum in Szene zu setzen.
»Rocket« trat als erste an, sie zog eine Last von zwölfeinhalb Tonnen mit einer Geschwindigkeit von ungefähr 20 Stundenkilometern. Dann lief sie

ohne Last und brachte es auf eine Geschwindigkeit, die man zwischen 24 und 40 Stundenkilometern schätzte. Hierauf drehte »Sans Pareil« eine Runde auf den Schienen und wurde begutachtet. Man hielt ihre Leistungen denen »Rockets« für ebenbürtig. Schließlich kam »Novelty«, und da plötzlich hatte das Publikum seinen Favoriten gefunden. Sie sah tatsächlich blendend aus, wie die Verkörperung des neuen Zeitalters der Geschwindigkeit. Diese Maschine war offensichtlich für Rennen geschaffen, nicht für das Schleppen von armseligen Kohlenwägen. Die zwei Bewerber aus dem Nordosten trugen den Stempel ihrer Herkunft ebenso deutlich an sich wie »Novelty« den ihren. Die Menge jubelte und klatschte und wurde mit der bei weitem schnellsten Fahrt des Tages belohnt. Selbst die Fachleute staunten. »Fast aus dem Stand«, so berichtete der Reporter des *Mechanics Magazine* begeistert, »schnellte sie auf die atemberaubende Geschwindigkeit von 50 Stundenkilometern hoch, und fuhr knapp zwei Kilometer in der unglaublich kurzen Zeit von einer Minute und 53 Sekunden.« Andere Berichterstatter überboten dieses Lob noch: »Sie schien zu gleiten und lieferte einen der glänzendsten Beweise technischer Erfindungsgabe und menschlichen Wagemuts, den die Welt jemals gesehen hat. Sie machte mich, wenn ich auf sie blickte, tatsächlich schwindlig, ließ alle Zuschauer heftig um die Menschen bangen, die auf ihr fuhren, und schien die Erde gar nicht zu berühren, sondern gleichsam zu fliegen, auf den Schwingen des Windes.« Wenn der ganze Test damals an Ort und Stelle auf der Basis der Akklamation durch das Publikum entschieden worden wäre, dann hätte »Novelty« mit Glanz und Gloria gewonnen. Nur wenige ließen sich nicht so leicht beeindrucken. George Stephenson wird wohl wie alle anderen von der Schnelligkeit »Noveltys« verblüfft gewesen sein, doch soll er die Fahrt der Maschine mit zwei Worten kommentiert haben: »Kein Mumm.«

Es ist interessant, die Reaktionen, die aus dem Jahre 1829 berichtet werden, mit denen 1979 zu vergleichen, als zwei der Rekonstruktionen des erstemal liefen. »Rocket« war die einzige, der ein öffentliches Debüt ermöglicht wurde: Sie lief auf einem kurzen Gleisstück beim Albert Memorial im Hydepark von London. Da sie nur etwa 60 Meter Auslauf hatte, war es ihr nicht möglich, zu voller Schnelligkeit aufzufahren, aber jedermann war ungeheuer beeindruckt von der Geschwindigkeit, die sie trotzdem erreichte. Wir denken gewöhnlich, daß diese alten Maschinen langsam und ruckweise fuhren, aber »Rocket« beschleunigte sanft und schnell in einer Weise, die

Spannende Augenblicke 1979, als die Rekonstruktion von »Sans Pareil« zum ersten Probelauf ausfährt.

viele Zuschauer erstaunte. Sie sah natürlich dem gleich, was sie war: Eher der Beginn von etwas Neuem als das Ende von etwas Vergangenem. Wenn dies schon die Wirkung auf moderne Betrachter war, wie viel eindrucksvoller muß sie in Rainhill im Oktober 1829 gewirkt haben! »Sans Pareils« Jungfernfahrt wurde von weniger Leuten in den weniger glänzenden Umständen des Fabrikhofes der BREL Werke in Shildon erlebt. In einer Hinsicht aber war das Resultat noch überraschender als bei »Rocket«. Diese sah wie die erste aus einer neuen Generation von Maschinen aus – »Sans Pareil« dagegen erschien noch weit näher an, sagen wir, »Locomotion«, und »Locomotion« war ja ziemlich träge und wackelig. Aber diese erste Fahrt zeigte, daß »Sans Pareil« etwas von einem Vollblut an sich hatte und großartige Schnelligkeit enwickelte. Es ist jetzt leicht zu sehen, warum »Sans Pareil« eine echte Herausforderung an »Rocket« darstellte. Leider ist, während ich dies schreibe, die Rekonstruktion von »Novelty« noch im Bau, so daß ein Vergleich mit ihr nicht möglich ist.

Inmitten all dieser Aufregungen trat »Perseverance« überhaupt nicht in Erscheinung. Ihr Besitzer bastelte und änderte eifrig an ihr herum. »Cyclopede« dagegen hatte einen Auftritt, der allerdings nichts anderes bewies, als daß die Zukunft der Eisenbahnen bestimmt nicht bei von Pferden angetriebenen Konstruktionen liegen würde. Doch vollführte sie eine erfolgreiche Fahrt, wobei sich etwa fünfzig Fans an ihr festklammerten, und erreichte bescheidene 9 Stundenkilometer. Danach verschwand sie von der Rainhill-Szene und überließ das Feld anderen, ernsthafteren Konkurrenten.

Der nächste Tag hätte die erste wirklich ernste Auseinandersetzung bringen sollen. Die Lokomotiven wurden in einem Programm numeriert und sollten in der Reihenfolge ihrer Numerierung laufen.

»Novelty« war zuerst dran mit ihrem Versuch. Sie machte eine Fahrt in guter Geschwindigkeit, im Durchschnitt mit 40 Stundenkilometern, aber auf dem Rückweg brach der Blasebalg, und damit endete die erste Fahrt. »Sans Pareil« konnte wegen kleinerer Schäden nicht ausfahren, während der unglückliche Timothy Burstall seine Maschine mit verzweifelter Ausdauer auseinandernahm und wieder zusammensetzte. Stephenson, der nicht der Mann war, eine Chance zu verpassen, erbarmungslos die Schwächen seiner Gegner bloßzustellen, führte dem Publikum eine Anzahl von Demonstrationen vor. Dann begann es in Strömen zu regnen, und jedermann begab sich nach Hause, um sich für den dritten Tag vorzubereiten, der den großen Wendepunkt des Rainhill Ausscheidungskampfes bringen sollte.

148

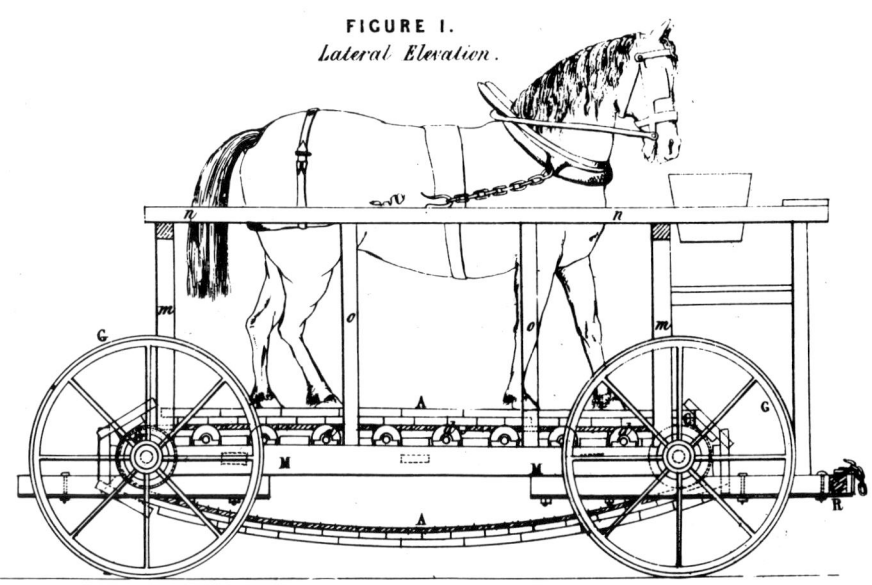

FIGURE I.
Lateral Elevation.

»Cyclopede«, die Kuriosität
beim Rainhill-Test.

Zu diesem Zeitpunkt wurden die Bedingungen des Kampfes, die bisher nur in groben Linien bekannt waren, in Einzelheiten veröffentlicht. Die wichtigste Forderung war, daß jede Maschine zehn Fahrten machen sollte, hin und zurück. Das entsprach genau der Entfernung zwischen Liverpool und Manchester. Dann sollte es eine Pause geben, damit Wasser und Brennstoff aufgenommen werden konnte, und schließlich mußte das Ganze wiederholt werden, um auch den Rückweg zwischen den zwei Städten zu simulieren. Das waren keine unbilligen Bedingungen; denn genau das würde die Maschine, die gewann, in der Praxis leisten müssen.

Der Verbrauch an Brennstoff, wenn die Maschine unter Dampf stand und während der Fahrt, wurde gemessen. Die Durchschnittsgeschwindigkeit mußte bei wenigstens 18 Stundenkilometern liegen.

»Rocket« begab sich jetzt an den Start, zu ihrer ersten Fahrt dieses Tages. Die zwanzig Fahrten am 8. Oktober 1829 bildeten einen der großen Triumphe in der Laufbahn der beiden Stephensons und, nicht zu vergessen, von Henry Booth. »Rocket« zeigte sich zuverlässig und blieb sich unbeirrbar gleich, den ganzen Tag über. Die Fahrten waren nicht so spektakulär wie die rasanten Rennen der unbeladenen Maschinen tags zuvor, aber für diejenigen, die genug Sachkenntnis besaßen, um einschätzen zu können, was ge-

149

Rastrick skizzierte die Bewerber in seinem Notizbuch – Pferde waren nicht seine Stärke.

Rastricks genaue Aufzeichnungen über »Rockets« Siegesläufe, während der zehn Wettkampftage.

schah, war es ein großartiger Anblick. Hier war die Lokomotive erwachsen geworden – schnell, verläßlich, stark. Die Rainhill Veranstalter hatten wissen wollen, was es mit den Dampflokomotiven auf sich hatte – Rocket gab

150

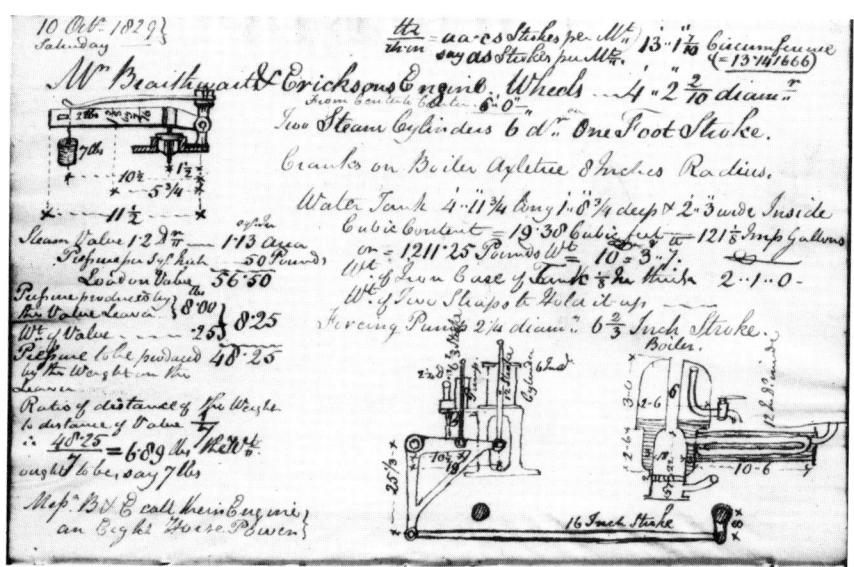

Rastricks Skizzen von »Noveltys« Kessel, Zylindern und Sicherheitsventil.

die Antwort. War eine Lokomotive in der Lage, eine Last vom Dreifachen ihres eigenen Gewichts von Liverpool nach Manchester und zurück zu ziehen, mit einer Geschwindigkeit von 16 Stundenkilometern? Ja, sie war dazu in der Lage – und hatte obendrein noch Kapazitäten frei. Die Zuversicht stieg mit jeder gut absolvierten Fahrt, bis bei der letzten der zwanzig Fahrten das Ganze einem absoluten Höhepunkt zusteuerte. Stephenson öffnete den Regulator weit, und »Rocket« beschloß den Tag mit einer Geschwindigkeit von 50 Stundenkilometern. Die vorgesehene Distanz war mit Leichtigkeit überbrückt worden, bei einer Durchschnittsgeschwindigkeit, die gut über dem verlangten Minimum lag. *Ein* Bewerber hatte jede Bedingung erfüllt. Jetzt war die Reihe an den anderen, zu zeigen, ob sie es ebenfalls konnten.

Am folgenden Tag gab es Diskussionen über die Regeln und eine Menge Arbeit sowohl an »Novelty« als auch an »Sans Pareil«, nicht zu vergessen den unglücklichen Burstall, der immer noch an »Perseverance« herumtüftelte; sie trug ihren Namen (»Ausdauer«) offensichtlich zu recht. Schließlich wurde an diesem Tag gar keine Fahrt gemacht. Die Stephensons konnten sich die Hände reiben und ausruhen; sie hatten ihren Erfolg schon in der Tasche. Mochten sich die anderen jetzt Sorgen machen. Samstag endlich,

151

den 10. des Monats, war »Novelty« bereit. Sie fuhr aus zu einer Testfahrt. Das war aber die erste und letzte Fahrt dieses Tages überhaupt. Denn der Lokomotivführer schloß aus Versehen den Verschlußhahn zwischen Speisepumpe und Kessel, und die Pumpe brach. Bis sie repariert war, war es zu spät, den Kampf fortzusetzen. In der Zwischenzeit fuhr Stephenson auf und vollführte zwei weitere Schaufahrten, zum großen Ärger der anderen, die über den Reparaturen schwitzten. Aber endlich war »Novelty« fertig und beteiligte sich ihrerseits an den Demonstrationsfahrten. Von neuem war jedermann höchlichst beeindruckt, und die Berichterstatter des *Mechanics Magazine* gerieten in Ekstase.

»Was uns betrifft, so hat uns keine Bewegungsart bisher mehr zugesagt. Wir flogen dahin mit zweieinhalb Kilometern in drei Minuten. Und obwohl die Geschwindigkeit derart groß war, daß wir die Gegenstände, an denen wir vorbeifuhren, kaum unterscheiden konnten, war die Bewegung so ruhig und gleichmäßig, daß wir dabei nicht nur lesen, sondern sogar schreiben konnten.« Das kurze Zitat spricht Bände. Bände über die eigentliche Neuheit: die Neuheit der Geschwindigkeit. Heutzutage erkennen wir recht gut die vorübergleitende Landschaft durch die Fenster eines Zuges, der mit bis zu 200 Stundenkilometern dahinbraust. Eineinhalb Jahrhunderte zuvor fixierten die Leute entweder Gegenstände, die sich zu nahe an den Schienen

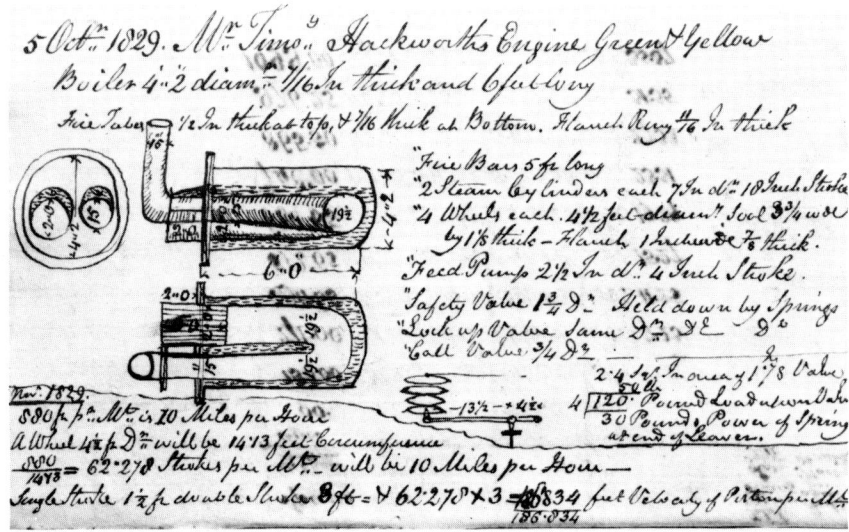

Rastricks Skizzen von »Sans Pareils« Kessel.

152

befanden, oder das bloße Gefühl der Geschwindigkeit faszinierte sie dermaßen, daß sie von Schwindel ergriffen wurden.

Montag kam und verging ohne jede Aktivität, aber am Dienstag war »Sans Pareil« endlich bereit zum Kampf. Es war der ominöse Dreizehnte. Hackworth und seine Leute hatten die ganze Nacht an der Maschine arbeitend verbracht, bei dem Versuch, einen leck gewordenen Kessel zu flicken. Dieser war, das muß betont werden, in den Bedlington Eisenwerken, nicht in Forth Street hergestellt worden. Eine der Bedingungen des Wettkampfes war, daß der Verbrauch von Wasser und Brennstoff sorgfältig gemessen werden mußte, und zwar nicht nur, wenn sich die Maschine in Fahrt befand, sondern auch dann, wenn sie nur unter Dampf stand. Wegen der Arbeiten der vergangenen Nacht stand »Sans Pareil« bereits unter Dampf, so daß diese Regel des Wettkampfes nicht eingehalten war. Trotzdem gaben die Schiedsrichter die Erlaubnis, daß Hackworth seinen Versuch starten konnte. Zunächst lief alles gut, bis plötzlich bei der achten Fahrt klar wurde, daß irgendetwas schief ging. Bis dahin hatte »Sans Pareil« eine Durchschnittsgeschwindigkeit von 25 Stundenkilometern eingehalten, etwas über der Geschwindigkeit von »Rocket«. Verglich man jedoch den Verbrauch an Brennstoff, so sahen die Dinge anders aus. Die Schiedsrichter maßen den Verbrauch von »Sans Pareil« mit erschreckenden 692 Pfund pro Stunde, über drei mal soviel wie bei »Rocket« mit 217 Pfund. Diese Zahlen von Rainhill sollten später noch bestätigt werden. Trotzdem gab es im Lager Hackworths Grund zum Optimismus, daß »Sans Pareil« »Rocket« ernstlich Konkurrenz machen würde. Aber bei der achten Fahrt trat ein echter Mangel an der Kesselspeisepumpe auf: Es lief kein Wasser mehr in den Kessel ein, mit dem unvermeidlichen Ergebnis, daß einer der schmelzbaren Bleistöpsel schmolz und das Feuer durch das in den Brennraum spritzende Wasser gelöscht wurde. Der Stöpsel wurde ersetzt, das Feuer wieder entflammt, aber von neuem versagte die Pumpe: die Herausforderung durch »Sans Pareil« war zu Ende.

Der folgende Tag, Mittwoch, 14. Oktober, sollte die Rainhill Tests abschließen. »Perseverance« trat plötzlich doch noch in Erscheinung und keuchte und puffte ihren Weg über die Schienen mit armseligen 10 Stundenkilometern. Es war nur zu offensichtlich, daß das kein Bewerber war, der Eindruck machen konnte, und der arme Herr Burstall zog seine Maschine aus dem Rennen. »Novelty« wurde von neuem herangefahren, man hatte sie eilig geflickt und repariert – es ist erfreulich zu berichten, daß in einer

Situation, die eigentlich Bitterkeit hätte auslösen müssen, Timothy Hackworth Ericsson großzügig Hilfe leistete. Indessen war der geflickte Kessel den Anforderungen wieder nicht gewachsen, wie die Protokolle der Schiedsrichter deutlich machen.

»Als die Maschine auf ihrer zweiten Fahrt nach Westen rollte, platzten die Nähte des Kessels, was man übrigens vorhersehen konnte, da sie so eilig angebracht worden waren. Das bedeutete das Ende des Versuchs, so daß Maschine und Zug langsam zurückgeholt werden mußten. Herr Ericsson erklärte daraufhin, daß er seine Maschine aus dem Wettbewerb zurückziehe und keinen Anspruch mehr auf den Preis erhebe.«

Timothy Hackworth hätte gerne noch eine Fahrt gewagt, aber die Richter gestatteten es nicht mit dem Argument, daß seine Maschine zu schwer und zu aufwendig in ihrem Verbrauch von Brennstoff sei. Hackworth bestand von neuem darauf, daß seine Maschine innerhalb der Gewichtsbegrenzungen liege, aber die Richter wiesen daraufhin, daß die Brückenwaage »sich seither stets als zuverlässig erwiesen habe«. Leider war Hackworth beim Wiegevorgang selbst nicht anwesend gewesen, und er hörte nicht auf, das Ergebnis anzuzweifeln. Die Schiedsrichter jedenfalls hatten ihr letztes Wort gesprochen. Es blieb ihnen nur noch übrig, die Ergebnisse zu verkünden. »Rocket« war die einzige Maschine, die die Bedingungen erfüllt hatte. »Rocket« hatte gewonnen. Der Jubel im Lager Stephensons war enorm. Hier wenigstens war kein Zweifel über die unterschiedlichen Qualitäten

»Novelty«, wie sie eingesetzt hätte werden können: eine Reihe von Wägen auf der fertigen Strecke ziehend.

von »Rocket« und »Sans Pareil«. John Dixon schrieb an seinen Bruder, voller Begeisterung über das Ergebnis, vielleicht jedoch nicht ganz gerecht gegenüber dem Rivalen: »Wir haben das große Experiment zu Ende geführt und G. S. bzw. R. S. sind die triumphierenden Sieger. Sie werden natürlich die 500 Pfund bekommen, die die Gesellschaft so großzügig ausgesetzt hat. Kein anderer Bewerber war ihnen ebenbürtig. ›Rocket‹ ist bei weitem die beste Maschine, die ich jemals gesehen habe.

Timothy ist ständig schlechter Laune gewesen, seit er herkam. Tag und Nacht grantelte er, niemand konnte es ihm recht machen, weder mit dem Tender noch mit sonst etwas. Er warf den Anhängern G. S. s offen vor, daß sie sich verschworen hätten, ihn zu behindern. Das sind bestimmt falsche Beschuldigungen. Er führte zwar einige Fahrten durch, hat aber niemals die Hälfte der 130 Kilometer ohne Aufenthalt geschafft. Seine Maschine verbraucht fast doppelt so viel Koks wie ›Rocket‹, rumpelt und poltert und lärmt wie ein leeres Bierfaß auf rauhem Pflaster und wiegt zu allem Überfluß über 4½ Tonnen. Sie müßte folgerichtig sechs Räder haben. Ich muß gestehen, ich konnte die fehlenden Räder nigends entdecken, als ich in Springs war.«

Also war am Ende des Tages »Rocket« klarer Sieger, und keine andere Entscheidung wäre möglich gewesen, da keine andere Maschine den Test bestand. Dies brachte allerdings die Kritiker keineswegs zum Schweigen. Es gab viele, die das Gefühl hatten, daß die anderen Maschinen nicht fair behandelt worden waren. Das ist ein Argument, das man im Falle »Noveltys« schwerlich aufrechterhalten kann, die ja nach ihrem Versagen freiwillig zurückgezogen worden war. Die eigentliche Kontroverse ging um die Leistung von »Sans Pareil«, und sie verschärfte sich noch in den Jahren, die dem Kampf folgten. Der wesentliche Vorwurf war, daß »Sans Pareil« nicht tatsächlich von den Stephensons besiegt worden sei, sondern wegen schlechter Handwerksarbeit in Forth Street versagt hätte. Die Diskussion begann mit einem Brief, den Hackworth an die Direktoren der Liverpool Manchester Strecke schrieb, kurz nach dem Kampf. Die Schlüsselpassage, die die Auseinandersetzung einleitete, ist folgende:

»Ihnen ist zweifellos bekannt, daß kürzlich die Lokomotive › Sans Pareil ‹ das Ziel, das ihr durch die Schiedsrichter gesteckt wurde, nicht erreicht hat. Es wäre jetzt sinnlos, in eine detaillierte Erörterung der Ursachen einzutreten. Es genügt zu sagen, daß die Maschine weder der Konstruktion noch der Idee nach mangelhaft war, aber Umstände, über die ich in meiner besonderen Lage keine Kontrolle hatte, zwangen mich, anderen mein Vertrauen zu schenken, was, wie ich bald zu meinem Bedauern feststellen mußte, verfehlt war. Die Fehler waren so beschaffen, daß man sie leicht beheben konnte, und ich machte mich sofort an ihre Beseitigung. Hier berichte ich Ihnen, was ich dabei zu tun hatte. Alles, was ich unternehmen mußte, war lediglich die Entfernung eins Zylinders, der wegen fehlerhaften Gusses versagt hatte.« Der Rest des Briefes befaßt sich hauptsächlich mit der Erörterung der Zahlen in Bezug auf Brennstoffverbrauch, die, wie Hackworth versichert, mit seinen eigenen Meßwerten nicht übereinstimmten. Dann schlug er einen neuen Test vor. Da diese Geschichte der Angelpunkt der ganzen Diskussion über Rainhill geworden ist, dürfte es am Platze sein, zwar nicht die Wahrheit zu ergründen (nach so langer Zeit ist das fast unmöglich), aber wenigstens den wahrscheinlichsten Gang der Ereignisse festzustellen.

John Rastrick war sowohl offizieller Schiedsrichter als auch gewissenhafter Protokollant der Ereignisse. So ist sein Bericht sicher der beste Ausgangspunkt. Seine Darstellung der Sachlage könnte kaum klarer sein. »Maschine bleibt stehen, Bleistöpsel ist geschmolzen, nur noch 20 cm Wasser in der Tonne, Stöpsel wird wieder eingesetzt und das Feuer entzündet, die Tonne gefüllt 1 Uhr 30, Maschine wird wieder unter Dampf gesetzt 2 Uhr 15. Aber Wasserpumpe fällt wieder aus, die Fortsetzung des Experiments wird abgeblasen.« Schreibt er etwas über einen Bruch des Zylinders? Auch kein anderer Beobachter dieser Tage erwähnt einen solchen Bruch, selbst für Hackworth scheint er damals nicht eben deutlich gewesen zu sein. Erst später also wurde der Bruch offenbar – metaphorisch jedenfalls wenn nicht buchstäblich – und konnte für das Versagen von »Sans Pareil« verantwortlich gemacht werden. Der Witz dabei, das Versagen auf einen gebrochenen Zylinder zurückzuführen, lag darin, daß der Zylinder in den Stephenson Werken gegossen worden war – auf diese Weise konnten Behauptungen, die Maschine selbst sei mangelhaft gewesen, entkräftet und der Verdacht lanciert werden, es hätte Industriesabotage vorgelegen. Es besteht keine Veranlassung, einen Bruch im Zylinder in Abrede zu stellen, jedoch war, wie Dendy Marshall in seiner Geschichte des 19. Jahrhunderts ausführte, »der Defekt so klein, daß er im Augenblick unbemerkt bleiben konnte und erst später entdeckt wurde.« Ein echter Bruch würde verursacht haben, daß Dampf in die Atmosphäre entwich, mit der Folge eines Verlusts an Leistung. Es ist überhaupt schwierig einzusehen, wie ein größeres Leck der

Aufmerksamkeit der Richter entgangen sein sollte, gar nicht zu reden von Vignoles und der Mannschaft des *Mechanics Magazin,* die Stephenson und seinem Team nicht die geringste Loyalität schuldeten. Ein Verlust an Dampf in die Atmosphäre hätte die Leistung reduziert, hätte aber auch die Stärke des Dampfgebläses beeinträchtigt. Jedoch berichteten viele Zeitgenossen, daß die Fahrt »Sans Pareils« von einem Schauer glühender Aschenstückchen aus dem Schornstein begleitet war. Das Dampfgebläse und damit der Zylinder funktionierte also noch gut. Der Dampfverlust würde übrigens zwar die Leistung vermindert haben, hätte aber nicht ausgereicht, die ganze Maschine zum Stillstand zu bringen. Die Ursache davon muß der lecke Kessel und die defekte Speisepumpe gewesen sein. Keins von den beiden aber kann den Stephensons angelastet werden.

Und nun zu dem Riß selbst. Auch wenn seine Auswirkung minimal war, so hätte es natürlich gar keinen Riß geben dürfen. Bei dieser Frage können wir uns auf moderne Erfahrungen stützen. 1829 mußte man sechs Zylinder gießen, um zwei brauchbare zu erhalten. Genau das gleiche Verhältnis ergibt sich auch 1979 beim Gießen von Zylindern, wenn man die alte Methode, Zylinder und Ventilgehäuse aus einem Stück zu gießen, beibehält. Die damaligen Berichte sind unklar. Alle scheinen aber darin übereinzustimmen, daß der Fehler in der zu dünnen Wand lag, die das Ventilgehäuse vom Zylinder trennte – ein Fehler, der sich fast automatisch ergeben mußte, wenn sich während des Gießens ein Kern verschob. Wenn der Gießer dies bemerkte, mußte er noch einmal anfangen. Das passierte bei »Sans Pareils« Zylindern öfters. Oder der Gießer versuchte den Fehler durch Abbohren des Risses zu beseitigen. So stand es im Jahre 1829. Aber die Hersteller der Rekonstruktionen geben uns heute die Bestätigung, daß eine moderne Gießerei, die die Techniken und Verfahren der Stephenson Werke anwendet, genau die gleichen Probleme mit den sich verschiebenden Kernen hat. Wenn diese Schwierigkeiten 1979 auftraten, warum nicht auch 1829? Daß es damals Schwierigkeiten mit den Gußstücken gab, ist also höchst wahrscheinlich. Daß es sich aber um absichtliche Sabotage gehandelt haben sollte, ist schwer zu glauben. Sollte Hackworth wirklich keine eigenen Leute zur Hand gehabt haben, um die Arbeiten zu überwachen, oder, wenn dies nicht möglich war, hätte er nicht irgendeinen Test vornehmen können? Es ist unwahrscheinlich. Man könnte mit einiger Berechtigung argumentieren, daß die für die Vorbereitung einer Maschine für Rainhill verfügbare Zeit nicht ausreichte, besonders im Falle Hackworths, der sich nicht mit ganzer Kraft dem Bau der Lokomotive widmen konnte. Man könnte argumentieren, daß nicht genügend Zeit für die Reparaturen, die sich bei der Wettfahrt als nötig erwiesen, zur Verfügung stand. Doch alle anderen Bewerber waren denselben Bedingungen unterworfen, und der Test erstreckte sich auf Zuverlässigkeit genauso wie auf Geschwindigkeit und Leistung. Die Schiedsrichter hatten gar keine andere Möglichkeit, als den Preis »Rocket« zuzuerkennen. Die Regeln waren exakt formuliert – »Rocket« war die einzige Maschine, die diesen Regeln genügt hatte. Das Ergebnis gefiel freilich nicht jedem, aber unter den gegebenen Umständen war kein anderes Urteil möglich. Unter anderen Wettbewerbsbedingungen hätten sich vielleicht andere Resultate ergeben, aber im Nachhinein können wir herzlich dankbar sein, daß das Resultat so ausfiel, wie wir es kennen. Unter den Voraussetzungen des Niveaus der Technologie der damaligen Zeit war »Rocket« die einzige Maschine, die einer kontinuierlichen Entwicklung fähig war. Sie war der Anfang eines Entwicklungstrends, der sich über ein Jahrhundert hin fortsetzen sollte. Das war damals nicht unmittelbar einsichtig. Es ist interessant, einmal die Urteile der Zeitgenossen zu untersuchen und zu sehen, wie weit sie recht behielten oder nicht.

Bei »Sans Pareil« ist diese Untersuchung sehr einfach. Sie enthielt keine Konstruktionselemente, die nicht schon in anderen Machinen verwirklicht gewesen wären. Es gab keinen einzigen Aspekt, in dem sie einen Weg nach vorne gewiesen hätte. Unter dieser Perspektive schrumpft die Kontroverse über den Riß im Zylinder zu einem Nichts zusammen. »Sans Pareil« war eine Sackgasse. Die Anwendung des Dampfgebläses löste das Problem der Abfuhr des entspannten Dampfes nicht – im Gegenteil.

Das Gebläse übte zu großen Zug auf das Feuer aus, das dann mit Asche und Flammen aus dem Schornstein hinausschoß. Wertvolles Material wurde verschwendet; es steckte die umliegende Gegend in Brand und wäre doch besser für zusätzliche Energie verwendet worden. In mancher Hinsicht war die Konstruktion rückschrittlich. Die Federung war minimal, und die vertikalen Zylinder waren unmodern. Selbst wenn die Maschine Sieger geblieben wäre – immer wäre ein Fragezeichen geblieben; denn, trotz aller Proteste, die Maschine hatte Übergewicht. Doch wird Timothy Hackworth immer einen Ehrenplatz in der Geschichte der Eisenbahn einnehmen. Es war vor allem seinen Bemühungen in Shildon zu verdanken, daß die Stockton Darlington Strecke weiter mit Dampflokomotiven arbeiten konnte. Wenn das nicht geglückt wäre – wer kann sagen, ob die Direktoren der Li-

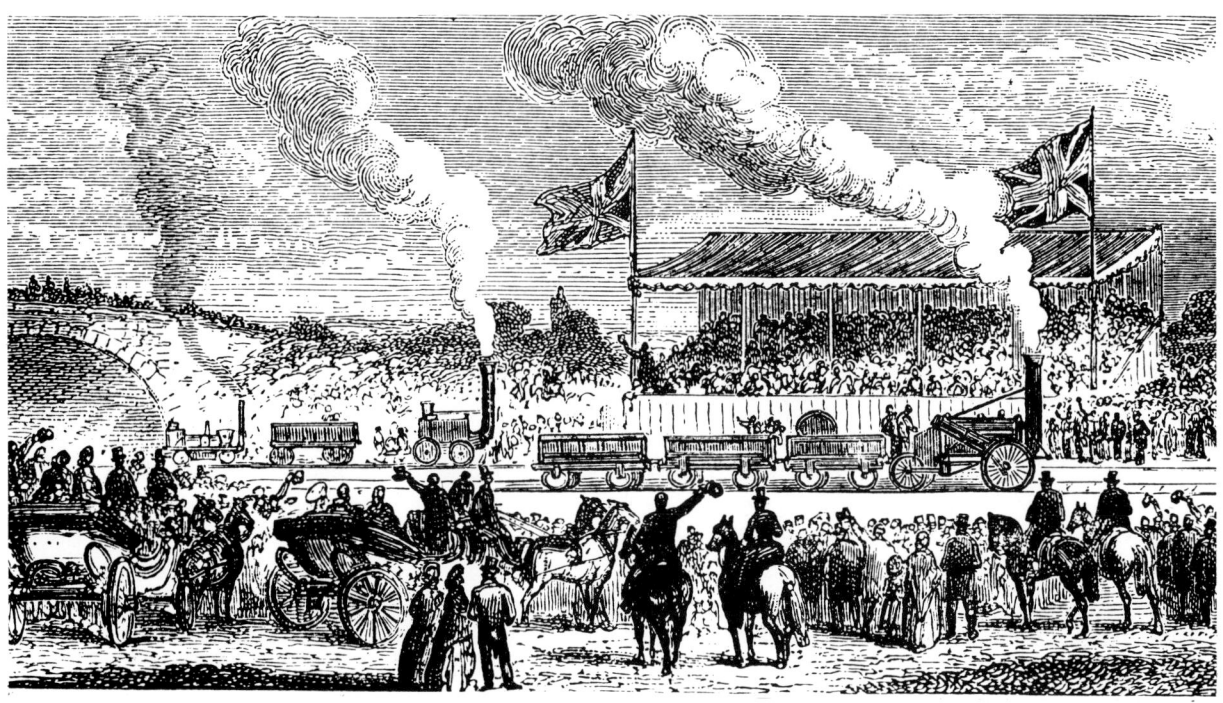

verpool-Manchester die Rennen in Rainhill jemals veranstaltet hätten? »Sans Pareil« stellte einen Typus dar, dessen Anfänge bei »Royal George« liegen. Diese Maschine entsprach vorzüglich den besonderen Bedingungen auf der S. & D. R., wo Lokomotiven nur in dem langsamen Verkehr von und zu den Bergwerken eingesetzt wurden und Passagiere noch in Pferdekutschen befördert wurden. Die neue Eisenbahn erforderte mehr. Sie sollte ein allgemeines Fortbewegungsmittel sein, das Güter und Passagiere in eigenen Zügen auf eigenen Schienen zog. »Sans Pareil« war dafür nicht geeignet. Auf lange Sicht war dies alles überhaupt weniger wichtig als es den Zeitgenossen erschien. Was zählte, war weniger, wer Sieger blieb, als daß es überhaupt einen Sieger gab. Dank Rainhill sah die Öffentlichkeit, daß es eine Zukunft für die Dampflokomotiven gab. Von da an stand Arbeit in Hülle und Fülle vor all den Pionieren, die ihre Tüchtigkeit im Maschinenbau schon unter Beweis gestellt hatten. Timothy Hackworth war keineswegs der schlechteste von ihnen. Seine Belohnung erhielt er in Gestalt einer blühen-

Eine Impression von der Szene in Rainhill, lang nach den Ereignissen gezeichnet.

159

den Unternehmung in Shildon, wo er in den folgenden Jahren Maschinen baute, die in alle Welt gingen. Der Fall »Novelty« ist sowohl ganz verschieden von dem »Sans Pareils« als auch, in mancher Hinsicht, viel interessanter. Stephenson und Hackworth entstammten dem gleichen Milieu, und obwohl es grundlegende Unterschiede in ihren Konstruktionen gab, fanden sich doch auch unübersehbare Gemeinsamkeiten. Das war bei der Maschine von Braithwaite und Ericsson anders – sie war einzigartig und originell. Ihr Stammbaum leitete sich überhaupt nicht von den Lokomotiven her. Sie hatte ganz andere Vorfahren.

Ericcsons früheste Erfahrung mit dem Bau von Dampfmaschinen lag im Bereich der Schiffahrt, als er einen Kessel für den Dampfer »Victory« entwarf, in dem Captain John Ross ausfuhr, um die lang gesuchte Nordwestpassage zu finden. Ericcson kam auf die Idee eines mechanischen Blasebalgs, um den Luftzug auf das Feuer zu vergrößern. Zufällig beschäftigte sich Stephenson kurze Zeit mit dem gleichen Gedanken, ließ ihn aber bald wieder fallen. Ericsson erwog seinerseits das Prinzip des vielröhrigen Kessels. Es war ein Prinzip, welches er, zu seinem Nachteil, nicht weiter ausbaute. In einem Brief an John Bourne von 1875, fast ein halbes Jahrhundert nach Rainhill, erinnert er sich an diese Tage:

»Was die geraden Röhren betrifft, so bauten Braithwaite und ich selbst im Jahre 1828 einen Kessel mit zwanzig geraden Röhren und einem integrierten Brennraum. Wir kamen dann von dieser Idee wieder ab, da es zu schwierig war, die Röhrenenden im Kessel so zu befestigen, daß kein Dampf entwich. Dieses Röhrensystem schien auch nicht so wirtschaftlich zu arbeiten wie die gebogene Röhrenführung oder die spiralige Röhrenanordnung rings um den Brennraum. Unvernünftige Menschen in Liverpool behaupteten während der Rennen in Rainhill, daß Booth diese Idee von London übernommen hätte.«

Es ist tatsächlich nicht vernünftiger, den vielröhrigen Kessel mit Braithwaite und Ericsson in Verbindung zu bringen, als die Erfindung des Flugzeugs dem ersten Menschen zuzuschreiben, der sagte: Wenn ich Flügel hätte, könnte ich fliegen. Das Verdienst liegt darin, eine Sache auch durchzuführen.

Der unmittelbare Vorläufer »Noveltys« war die dampfgetriebene Feuerspritze von 1828. Die Energie des Dampfes wurde bei dieser Maschine mehr dazu benützt, einen Strahl Wasser auszustoßen als das Fahrzeug zu bewegen. Aber es wurden Konstruktionsprinzipien verwendet, die dann bei

160

der Lokomotive wieder in Erscheinung traten. Um genügend Hitze zur Dampferzeugung zu erzielen, wurde die Temperatur des Feuers durch mechanische Blasebälge erhöht. Die Maschine wurde auf einem leichten Gefährt montiert, das gut gefedert sein mußte, um die Fahrt über die holprigen Straßen Londons sanfter zu machen. Es mußte selbstverständlich auch unabhängig von äußerer Materialzufuhr sein und sein eigenes Wasser und Brennmaterial mit sich führen. Alle diese Eigenschaften der Feuerspritze wurden auf die Lokomotive übertragen, was weiter nicht überrascht, da von

Die Nachricht von dem Test zu Rainhill gelangte nach Frankreich, wo ein Künstler eine ganz und gar unzutreffende Darstellung der Vorgänge gab.

161

allen Ingenieuren Braithwaite und Ericsson am wenigsten Zeit hatten, sich auf Rainhill vorzubereiten. »Wenn ich nicht Ende Juli 1829 einen Brief von einem Freund erhalten hätte, der mir die Neuigkeit mitteilte, daß ein › Dampfrennen ‹ stattfinden würde, würde › Novelty ‹ niemals gebaut worden sein«, so schrieb Ericsson später. Bei einer so kurzen Frist blieb den Konstrukteuren nichts anderes übrig, als nach den Prinzipien zu bauen, die ihnen schon vertraut waren.

»Novelty« versagte in Rainhill vor allem wegen einiger Mängel, die die Folge des halsbrecherischen Tempos der Herstellung waren. Die Mängel hafteten den Teilen: Pumpe, Kessel, Röhren an, und weniger der Anlage des Ganzen. Das soll allerdings nicht heißen, daß sie ausschließlich auf Grund dieser Fehler um den Sieg gebracht wurde. Die Maschine hatte in den folgenden Jahren noch Gelegenheit, Mängel und Vorzüge ganz deutlich zu zeigen. Unleugbar war sie schnell: alle, die sie fahren sahen, stimmten in diesem Punkt überein. Wie schnell sie wirklich war, zeigte sich erst später, bei Versuchen in Liverpool; sie lief mit einer Geschwindigkeit von über 95 Stundenkilometern. Es war das erstemal, daß der Mensch eineinhalb Kilometer in weniger als einer Minute bewältigte. Aber hier handelte es sich um Fahrten ohne Last. Stephensons etwas verächtliche Bemerkung »Kein Mumm« stellte sich als richtig heraus. »Novelty« war zum Schleppen großer Lasten über lange Entfernungen einfach nicht gemacht. Das stellt sie, nach unserer Auffassung, außer Konkurrenz.

Man weiß zwar, daß Fragen der Art: Was wäre geschehen, wenn … gegewöhnlich eher amüsant als fruchtbar sind – aber nehmen wir einmal an, »Novelty« wäre gelungen, was ihr so viele vorausgesagt hatten: sie hätte in Rainhill gewonnen. Was wären die Folgen gewesen? Das ist nicht völlig leere Spekulation. Die Last, die von den Maschinen in Rainhill gezogen werden mußte, war verhältnismäßig klein - es war kein Geheimnis, daß Stephenson größere Lasten vorgezogen hätte, und auch Hackworth wäre gewiß damit einverstanden gewesen. Die Direktoren hätten dann eine Maschine angeschafft, die für kurze Sprints und weniger für weite Wege mit Lasten gebaut war. Die tatsächliche Entwicklung nach Rainhill folgte den Entwicklungslinien, die vom Sieger gezeichnet waren. Im Falle eines Sieges von »Novelty« hätte man sich auf Geschwindigkeit und kleine Lasten konzentriert. Hätte sich unter dieser Voraussetzung unter Umständen ein Eisenbahnnetz entwickelt, das unserem jetzigen Straßennetz ähnlich gewesen wäre? Hätten wir lange Schlangen von Individualfahrzeugen bekommen,

162

THE NORTHUMBRIAN ENGINE.

die alle unabhängig voneinander über die Schienen gerollt wären? Das ist eine seltsame Vorstellung, aber so sieht die Zukunft aus, die unserem Straßensystem von vielen Experten vorausgesagt wird. Natürlich ist das alles Spekulation: »Novelty« gewann nicht. Des Streckenwärters Alptraum verwirklichte sich nicht, und selbst wenn sie gesiegt hätte: »Novelty« hafteten noch schwerwiegende Fehler an, die nicht so leicht hätten beseitigt werden können. Z. B. brachte der geschlossene Brennraum das Problem eines geschlossenen Aschenbehälters mit sich. Wie sollte man in diesem Fall die Asche ausleeren, ohne die Maschine und ihr Heizsystem auszuschalten? Dieses Problem wurde von Ericsson niemals gelöst.

Die Entwicklung nach Rainhill verlief rasant – Stephensons »Northumbrian« z. B. hat fast horizontal liegende Zylinder.

163

Im Endergebnis war Sieger diejenige Maschine, die die kleinsten unmittelbaren Entwicklungsprobleme aufwarf. »Rocket« enthielt Elemente, die man sofort weiterentwickeln konnte. Die Anzahl der Kesselröhren wurde sogleich erhöht; die in einem Winkel stehenden Zylinder wichen fast horizontal angebrachten Zylindern; die leichte Ausbuchtung am Fuß des Schornsteins wurde zu einer geeigneten Rauchkammer und das Dampfgebläse, für dessen Entwicklung Hackworth so viel getan hatte, wurde schließlich eine nützliche Einrichtung für eine verstärkte Dampferzeugung. Endlich wurde Robert Stephensons Plan, von dem er schon gesprochen hatte, bevor man mit dem Bau von »Rocket« überhaupt begann, nämlich eine Maschine mit klassischen Formen herzustellen, die wie ein modernes Verkehrsmittel und nicht wie eine Bergwerksmaschine auf Rädern aussah – dieser Plan also wurde realisiert mit der »Planet«, bei der horizontale Zylinder innerhalb des Fahrgestells eingebaut und die Räderabstände von 0-2-2 zu 2-2-0 geändert worden waren. Hier entstanden Lokomotiven, die wir sofort mit der Lokomotivengeneration identifizieren, auf die alle späteren Maschinen zurückgehen, während für moderne Augen »Rocket« trotz aller Neuerungen doch noch das Aussehen eines Museumsstückes hat. Die erste »Planet« wurde bereits im Oktober 1830 geliefert, nur ein Jahr nach Rainhill. Hier liegt die eigentliche Bedeutung und das eigentliche Ausmaß des Triumphs der Stephensons – sie bauten eine Maschine, die entwicklungsfähig war und tatsächlich sehr rasch entwickelt wurde.

10. KAPITEL

Die Eröffnung

Das Rennen war vorbei, die Kontrahenten zerstreuten sich. Ericsson blieb in der Gegend um Liverpool und machte weiter Versuche mit »Novelty«. Die Maschine hatte sogar noch einen Auftritt in Rainhill, wo sie, unter Vignoles Leitung, für sechseinviertel Stunden unter Dampf gehalten wurde und eine Last von 25½ Tonnen bei einer Geschwindigkeit von fast 15 Stundenkilometern zog. Das hielt keinen Vergleich mit »Rockets« Leistungen aus, aber es ergaben sich erstaunlich niedrige Zahlen für den Brennstoffverbrauch von 84 Pfund pro Stunde. Bei Fahrten ohne Last soll »Novelty« die bemerkenswerte Geschwindigkeit von 96 Stundenkilometern erreicht haben. Alles bestätigte noch einmal die allgemeine Ansicht über »Novelty«: leicht, schnell, sparsam, aber ohne große Kraft. Damit hätte die Angelegenheit ausgestanden sein können. Doch war immer noch eine starke Anti-Stephenson-Partei am Werke, nicht nur in London, sondern sogar innerhalb der Liverpool-Manchester-Gesellschaft. James Cropper, einer der glühendsten Verteidiger der stationären Maschinen, der an einer Front eine Niederlage erlitten hatte, ergriff nun Partei für »Novelty«. Sie hätte gewonnen, behauptete er, wenn nicht eine bedauerliche Folge läppischer Unglücksfälle eingetreten wäre, die mit dem wirklichen Wert der Maschine nichts zu tun hatten. Er überredete die Gesellschaft, zwei Maschinen vom »Novelty«-Typus für die Strecke anzuschaffen, »William IV.« und »Queen Adelaide«, zu weit höheren Preisen als die Stephenson Maschinen kosteten.
Ericsson hatte damals schon eingesehen, daß das geschlossene Brennraumsystem von »Novelty« unpraktisch war. Er entwickelte ein neues System, bei dem Luft durch das Feuer mittels eines Ventilators geblasen wurde, der oben auf dem Kessel angebracht war. Nach seinen eigenen ehrlichen Worten war das »höchst elegant, aber unglaublich unwirksam«. Die Stephensons mochten die Auseinandersetzung mit Worten verloren haben, aber sie hatten die praktischen Erfolge auf ihrer Seite, und die Gesellschaft hatte sich selbst die Schuld dafür zu geben, daß sie nun auf zwei nutzlosen und teuren Maschinen sitzenblieb. Und was geschah mit »Novelty« selbst? Ihre Rolle fiel leider wesentlich dürftiger aus, als es ihre Erfinder gehofft hatten. Sie wurde kurze Zeit auf der St. Helens Runcorn Gap Strecke eingesetzt. Dann wurde sie auf ein Baugelände verbracht, wo sie während des Baus der Ribble Brücke an der North Union Strecke gelegentlich verwendet wurde. Ericsson verließ das Gebiet des Lokomotivenbaus, um sich im Schiffsbau zu engagieren, während sein Partner Braithwaite weiter eine Rolle, wenngleich eine kleine, in der Entwicklung der Eisenbahnen spielte.

ORDERS OF THE DAY.

LIVERPOOL, SEPTEMBER 15th, 1830.

The Directors will meet at the Station, in Crown Street, not later than Nine o'clock in the Morning, and during the assembling of the Company will severally take charge of separate Trains of Carriages to be drawn by the different Engines as follow :—

NORTHUMBRIAN	Lilac Flag.	Mr. Moss.
PHŒNIX	Green Flag.	Mr. Earle.
NORTH STAR	Yellow Flag.	Mr. Harrison.
ROCKET	Light Blue Flag.	Mr. A. Hodgson.
DART	Purple Flag.	Mr. Sandars.
COMET	Deep Red Flag.	Mr. Bourne.
ARROW	Pink Flag.	Mr. Currie.
METEOR	Brown Flag.	Mr. David Hodgson.

The men who have the management of the Carriage-breaks will be distinguished by a white ribbon round the arm.

When the Trains of Carriages are attached to their respective Engines a Gun will be fired as a preliminary signal, when the "Northumbrian" will take her place at the head of the Procession ; a second Gun will then be fired, and the whole will move forward.

The Engines will stop at Parkside (a little beyond Newton) to take in a supply of water, during which the company are requested not to leave their Carriages.

At Manchester the Company will alight and remain one hour to partake of the Refreshments which will be provided in the Warehouses at that station. In the farthest warehouse on the right hand side will be the Ladies' Cloak Room.

Before leaving the Refreshment Rooms a Blue Flag will be exhibited as a signal for the Ladies to resume their Cloaks ; after which the Company will repair to their respective Carriages, which will be ranged in the same order as before ; and sufficient time will be allowed for every one to take his seat, according to the number of his Ticket, in the Train to which he belongs ; and Ladies and Gentlemen are particularly requested not to part with their Tickets during the day, as it is by the number and colour of the Tickets that they will be enabled at all times to find with facility their respective places in the Procession.

Die Zugordnung für den Eröffnungstag.

Timothy Hackworth zog sich enttäuscht nach Shildon zurück, doch hatte er wenig Grund, seine Teilnahme am Rennen in Rainhill zu bereuen. Der Ausgang des Abenteuers sicherte die Zukunft der Dampflokomotive, wobei Hackworth einen Platz an der Sonne gewinnen sollte. Eine Lehre jedenfalls hatte er aus schmerzhafter Erfahrung gezogen: Vertrauensleute sind

166

DAS PROTOKOLL

◆

Liverpool, 15. September 1830

Die Direktoren treffen sich am Bahnhof, Crown Street, nicht später als neun Uhr morgens. Sie sind, während sich die Gesellschaft versammelt, jeweils für einen Zug mit der dazugehörigen Lokomotive verantwortlich. Die Reihenfolge der Lokomotiven ist die folgende:

NORTHUMBRIAN	*Lila Flagge*	Herr Moss
PHÖNIX	*Grüne Flagge*	Herr Earle
NORTH STAR	*Gelbe Flagge*	Herr Harrison
ROCKET	*Hellblaue Flagge*	Herr A. Hodgson
DART	*Rote Flagge*	Herr Sandars
COMET	*Dunkelrote Flagge*	Herr Bourne
ARROW	*Rosa Flagge*	Herr Currie
METEOR	*Braune Flagge*	Herr David Hodgson

Wenn die Wägen an ihre jeweiligen Maschinen angekoppelt sind, wird ein Gewehr als Signal abgefeuert. Daraufhin nimmt »Northumbrian« ihren Platz an der Spitze des Zuges ein. Nach dem Abfeuern eines zweiten Gewehrs setzt sich das Ganze in Bewegung.

Die Maschinen machen bei Parkside halt (kurz nach Newton), um Wasser aufzunehmen. Die Reisenden werden gebeten, während dieses Aufenthaltes, die Wägen nicht zu verlassen.

In Manchester steigt die Gesellschaft aus und verbringt dort eine Stunde, um die Erfrischungen zu sich zu nehmen, die in den Lagerhäusern des Bahnhofes bereitgestellt sind. In dem entferntesten Lagerhaus rechter Hand befinden sich die Damengarderoben.

Kurz vor dem Verlassen der Erfrischungsräume wird eine rote Flagge aufgezogen zum Zeichen für die Damen, sich wieder bereitzumachen. Danach begibt sich die Gesellschaft zu ihren jeweiligen Wägen, die in der gleichen Reihenfolge wie zuvor aufgestellt sind. Es steht genügend Zeit für jeden zur Verfügung, seinen Sitzplatz in seinem Zug wieder einzunehmen, entsprechend der Nummer auf seiner Fahrkarte. Die Damen und Herren werden dringend gebeten, ihre Fahrkarten den Tag über nicht auszutauschen, da sie nur durch die Nummer und Farbe ihrer Fahrkarte ihre jeweiligen Plätze innerhalb des Zuges jederzeit ohne Schwierigkeiten finden können.

nicht immer verläßlich. Es dauerte nicht lange, bis er seine eigene Maschinenfabrik besaß, aus der er viele Teile der Welt mit ausgezeichneten Lokomotiven belieferte.

Die Stephensons hatten zuviel zu tun, um sich mit Parteiengezänk aufzuhalten. Robert war vollauf mit der Flut von Aufträgen für Forth Street be-

Rechts: Der Moorish Bogen in Liverpool mit zwei recht ungleichen Maschinen. Eine davon soll »Novelty« sein.

Unten: Eine Gedenkmünze, geprägt zur Eröffnung. Sie zeigt dieselbe Szene.

schäftigt, und George hatte ja noch den Bau seiner Strecke zu vollenden. Leider wollten die Angriffe auf ihn nicht aufhören. 1829 hatte Stephenson die schwierigsten Probleme bewältigt. Obwohl noch nicht alles fertig war, konnte jetzt niemand mehr seinen Finger erheben und sagen: »damit wird er niemals zu Rande kommen«. Im Augenblick handelte es sich nicht mehr darum, neue Lösungen für neue Probleme zu finden, sondern die Antworten auf die alten Probleme in die Tat umzusetzen. In diesem Stadium der Dinge gelang es Cropper und seinen Anhängern in der Gesellschaft, William Chapman als Berichterstatter zu lancieren. Er sollte über den Fortschritt der Arbeiten an der Strecke referieren.

168

Chapmans Beziehungen zur Eisenbahn waren langjährig und ehrenvoll. Er hatte 1812 die Lokomotive erfunden, die sich selbst mittels eines Kabels zog. Sie stellte sich zwar als Sackgasse heraus, doch führte er noch eine andere Neuerung ein, die sich als dauerhafter erweisen sollte. Er baute nämlich 1814 eine achträdrige Lokomotive, deren Räder in Gruppen zu jeweils vieren angeordnet waren, so daß die Last verteilt und die Beschädigung der Schienen auf ein Minimum reduziert war. Außerdem war er als Ingenieur mit verschiedenen Projekten, glatte Schienen zu konstruieren, befaßt gewesen. Er war an sich als recht gut qualifiziert für seine Aufgabe anzusehen, obwohl kein Mensch, bei Stephensons bekanntem Haß gegen jede Einmischung und seiner Abneigung gegen Kritik, hätte annehmen können, daß die beiden in irgendeine ersprießliche Beziehung zueinander finden würden. Tatsächlich kam es noch schlimmer. Chapman griff Stephenson an, indem er die Leistungen von »Lancashire Witch« gegenüber den Direktoren der Bolton Leith Strecke herabsetzte. Die meisten Beobachter der Szene warteten auf einen Eklat. Sie mußten nicht lange warten. Chapman riskierte es, einen der Arbeiter in der Lokomotivenfabrik zu befragen, obwohl, so schrieb Stephenson später, »es zweifelhaft ist, ob er die Bedeutung der Fragen verstand, und obwohl es noch größerem Zweifel unterliegt, ob die Fragen überhaupt so gestellt waren, daß sie ein Arbeiter verstehen konnte«. Chapman dagegen behauptete, daß die Antworten nicht zufriedenstellend gewesen seien, und qualifizierte den Arbeiter ab. Nun war dieser gerade einer der erfahrenen Leute, die Stephenson aus dem Nordosten mit sich gebracht hatte. Chapmans Verhalten war unentschuldbar, und Stephenson ließ einen langen Brief vom Stapel, in dem er den Fall aus seiner Sicht darlegte und seine Verleumder herausforderte, ihn zu widerlegen. Das Ende des Briefes zeigt ihn erbittert und kämpferisch: »Diese Art der Einmischung in meine Aufgaben und die Zweifel und Verdächtigungen, die meine gelegentlichen Äußerungen über Themen aus meinem Arbeitsbereich erfahren haben, sind mir höchst zuwider. Man hat mir Eifersucht und Mangel an Aufrichtigkeit im Falle der Waggons von Herrn Brandreth und Winan sowie im Fall von Herrn Ericssons Maschine vorgeworfen und noch Schlimmeres während der Kontroverse um die stationären Maschinen und die Lokomotiven. In allen diesen Fällen, das stelle ich hier mit Nachdruck fest, habe ich niemals aus Konkurrenzneid gehandelt, sondern beseelt von Eifer für die endliche Verwirklichung Ihrer Pläne und von dem verständlichen Wunsch, meinen eigenen Ruf zu begründen und zu befestigen.

Ist mir erlaubt zu fragen, ob ich Ihren Interessen gedient habe oder nicht? Hat Herrn Brandreths Fahrzeug funktioniert? Hat Herr Winan wirklich neun Zehntel der Reibung beseitigt? War nicht das Gutachten von Walker und Rastrick falsch? Hat ›Novelty‹ Ihren Erwartungen entsprochen? Haben ›Lancashire Witch‹ und ›Rocket‹ nicht mehr gehalten, als ich versprochen habe? Diese Tatsachen geben mir Mut, aber sie veranlassen mich auch zu immer erneuten Anstrengungen. Doch kann ich nicht glauben, daß Sie es gutheißen, wenn meine Bemühungen durch Personen durchkreuzt werden, die weder etwas von der Sache verstehen noch eine Vorstellung von dem Engagement haben, mit dem ich diesem Unternehmen verbunden bin. Gestatten Sie mir daher zu fragen, ob Sie Herrn C. mit seiner Tätigkeit fortfahren lassen wollen?« Die Gesellschaft machte einen vollen Rückzieher. Chapman verschwand. Für Stephenson war das ein schöner Erfolg, doch muß es scheußlich für ihn gewesen sein, sich ständig mit solcher hinterhältigen Kritik befassen zu müssen. Wahrscheinlich überlegte er, was er tun könnte, um seine Kritiker zum Schweigen zu bringen. Doch buchten diese vorher noch einen letzten, kleinlichen Sieg für sich. Stephenson hatte sich um den Auftrag für eine der großen Windemaschinen beworben, die auf den Gefällstrecken eingesetzt werden sollten, und die Direktoren hatten eine Konventionalstrafe von 500 Pfund festgesetzt, wenn diese Maschine nicht rechtzeitig geliefert werden würde. Trotz der intensiven Arbeit an »Rocket« wurde die Maschine fertig, doch wurde sie unglücklicherweise gerade auf dem Schiff verfrachtet, das dann kenterte. Sie wurde zwar noch gerettet, hatte aber einige Schäden davongetragen. Die Reparatur freilich wurde nicht rechtzeitig zum vereinbarten Datum abgeschlossen. Jetzt weigerten sich die Direktoren, die besonderen Begleitumstände des Unfalls zur Kenntnis zu nehmen und verlangten die Buße von Stephenson. Stephenson hatte soeben seinen Preis von 500 Pfund für »Rocket« erhalten: die Gesellschaft forderte ihn hiermit wieder zurück. Stephenson konnte sich wenigstens mit dem Gedanken trösten, daß die Sache noch schlechter hätte ausgehen können: die Windemaschine hätte unbeschädigt ankommen und »Rocket« hätte verlieren können. Zum Glück gab es einen Ausgleich für diese Ungerechtigkeit: George erhielt vollauf die ihm zustehende öffentliche Anerkennung.

Der berühmteste Besucher des Rennens, der über die Eisenbahn und ihre neuen technischen Wunder, die Lokomotiven, berichtete, war Fanny Kemble, eine zwanzigjährige Schauspielerin, damals auf dem Gipfel ihres

Fanny Kemble, begeisterte Eisenbahnliebhaberin.

Ruhms. Eine große Zukunft war ihr vorausgesagt worden, aber sie heiratete dann einen Amerikaner, der sie mit sich auf seine Baumwollfarm im Süden nahm. So gut sie als Schauspielerin war, so gut war sie auch als Schriftstellerin, fähig, Atmosphäre zu schaffen und zu vermitteln, sei es die des bedrükkenden und deprimierenden Lebens auf einer Sklavenplantage, sei es die heitere Atmosphäre einer ersten Fahrt auf der Dampflokomotive, wobei der große alte Mann selbst als Führer fungierte. Der Brief, in dem sie ihre Erlebnisse niederschrieb, ist oft zitiert worden; er stellt das lebendigste Zeugnis dafür dar, was die neue Art des Reisens für die damaligen Menschen bedeutete. Wir zitieren ihn hier ein weiteres Mal. Sie beschrieb u. a. das erregende Erlebnis einer Fahrt durch die tiefe Schneise beim Olive Mount.

»Du kannst Dir nicht vorstellen, wie seltsam es ist, auf diese Weise zu reisen, ohne eine andere Ursache für die Fortbewegung zu erkennen als die Zauber-Maschine, die mit weißem Atem und rhythmischem, gleichmäßigem Wiegen dahinfliegt, zwischen Felswänden, die schon mit Moos, Farnen und Gräsern bedeckt sind. Und wenn ich überlege, daß all diese Steinmassen herausgeschnitten wurden, nur um uns eine Durchfahrt so weit unter der Oberfläche der Erde zu ermöglichen, dann habe ich das Gefühl, als ob kein Feenmärchen halb so wundervoll sein könnte wie das, was ich sah. Brücken waren von einer Felswand zur anderen gespannt, und die Menschen, die von ihnen auf uns herabschauten, wirkten wie Pygmäen, die im Himmel standen.«

Stephenson nahm daraufhin seinen entzückenden jungen Passagier unter seiner persönlichen Führung auf eine Besichtigungstour mit, auf der sie so markante Punkte wie den Sankey Viadukt betrachteten, und zum Abschluß willigte er in eine kleine, doch wohl erlaubte Demonstration der Stärke seiner Maschine ein. Ihre so spontan geäußerte Begeisterung muß sein Herz höchlich erfreut haben.

»Die Maschine wurde, nachdem sie ihren Nachschub an Wasser aufgenommen hatte, auf ihre Höchstgeschwindigkeit gebracht, 56 Stundenkilometer, schneller als ein Vogel fliegt (wir machten den Versuch mit einer Schnepfe). Du kannst dir nicht vorstellen, welches Gefühl es war, schnell wie ein Pfeil die Luft zu durchschneiden; die Bewegung ist aber gleichzeitig so weich wie nur möglich. Ich hätte dabei auch lesen oder schreiben können. Und augenblicklich stand ich auf, nahm den Hut vom Kopf und trank die Luft in vollen Zügen in mich ein.

171

Der Wind, welcher stark war, oder vielmehr die Gewalt unseres eigenen Drucks gegen die Luft preßte meine Augenlider unwiderstehlich nach unten. Wenn ich meine Augen schloß, war dieses Gefühl zu fliegen überaus lustvoll und unbeschreiblich seltsam; aber trotz alledem hatte ich die Empfindung, völlig sicher zu ein, und war ganz ohne Furcht.«

Wie sie von der Lust der Geschwindigkeit ganz benommen war, so war sie hingerissen von dem Mann, der sie verursacht hatte.

»Jetzt noch ein Wort über den Meister all dieser Wunder, dem ich in schrecklicher Liebe verfallen bin. Er ist ein Mann von 50 bis 55 Jahren; sein Gesicht hat feine Züge, ist allerdings von Sorge gezeichnet und zeigt den Ausdruck tiefer Nachdenklichkeit. Seine Art, die Gedanken mitzuteilen, ist eigentümlich und originell, voll Kraft und Überzeugung, und obgleich sein Akzent deutlich die Herkunft aus dem Norden verrät, liegt in seiner Sprache nicht die leiseste Spur von Gewöhnlichkeit oder Unkultiviertheit. Er hat sich mein Herz erobert.«

Derartige Schmeicheleien waren gewiß, selbst wenn sie zum Teil Theater waren, einem Manne sehr willkommen, der mehr als genug böse Kritik einzustecken gehabt hatte. Seine Methode, auf die Kritiker zu antworten, bestand immer in den Leistungen, die er vollbrachte, doch ist Erfolg noch süßer, wenn er den Beifall einer der berühmtesten und schönsten Frauen der Zeit findet. Aber dies alles war nur ein kleines Zwischenspiel, eine willkommene Abwechslung in der erschöpfenden Arbeit, die letzten Phasen des Eisenbahnbaus zu überwachen. Robert seinerseits war in Newcastle nicht weniger beschäftigt.

»Rocket« war der Höhepunkt der ersten Periode in der Entwicklung der Lokomotiven, und gleichzeitig der Beginn der zweiten Phase. Es konnte für Robert keine Rede davon sein, sich zurückzuziehen und auf den Lorbeeren auszuruhen. Er machte sich sofort daran, die »Rocket« zugrundeliegenden Pläne zu verbessern. Vier Maschinen waren bestellt worden, alle sollten rechtzeitig zur Eröffnung der Strecke fertig sein, d. h. bis September 1830. Zwei weitere wurden im Februar dieses Jahres bestellt, danach wieder zwei. Bei allen neuen Maschinen wurde der Winkel, in dem die Zylinder angebracht waren, und der beim Original 35° betragen hatte, verkleinert. Bei »Meteor«, der ersten der neuen Maschinen, wurde die Anzahl der Kesselröhren auf 88 erhöht, und bei den nächsten vier – »Comet«, »Arrow«, »Dart« und »Phönix« – noch einmal auf 90. Das ergab eine Heizfläche von mehr als doppelter Größe als bei »Rocket«. Auch der Durchmesser der Zy-

172

linder wurde vergrößert, und alle Maschinen waren größer und schwerer als
»Rocket«. Die späteren Maschinen besaßen separate Rauchkammern
anstelle einer bloßen Ausbuchtung am Fuß des Schornsteins. Eine weitere
bedeutsame Verbesserung wurde vorgenommen, indem man den
ursprünglich separaten Brennraum durch einen Brennraum ersetzte, der in
das Ende des Kessels integriert war, eine Konstruktion, die grundlegend für
alle späteren Dampfmaschinen blieb. Die letzte der Reihe, »Majestic«, zeigte all die Vorzüge, die sich in der kurzen Zeit seit Rainhill ergeben hatten.
Die Anzahl der Kesselröhren war auf 130 angewachsen, der Zylinder hatte
einen Durchmesser von 27 cm im Vergleich zu 20 cm bei »Rocket«, und
das Gewicht der Maschine lag bei siebeneinhalb Tonnen. Sie war doppelt
so stark wie »Rocket« und stellt eine außergewöhnliche Leistung dar, wenn
man bedenkt, daß die Bedingungen, die von den Schiedsrichtern in Rainhill
aufgestellt worden waren, bei vielen zeitgenössischen Experten als unreali-
sierbar gegolten hatten. Aber schon hatte Robert wieder neue Ideen und
entwarf in Gedanken ein radikal anderes System. Einige seiner Einfälle
wurden, wie er später ausführte, aus seinem seinerzeitigen Zusammentref-
fen mit Trevithick geboren. Aber es konnten natürlich genausogut andere
Einflüsse am Werk gewesen sein.
Die neue Maschine, »Planet«, hatte Zylinder, die innerhalb des Fahrgestells
angebracht waren, und über Kreuzkopf und Pleuelstage mit einer Kurbelwelle verbunden waren. Nun war diese Maschine auf dem Prüfstand in
Forth Street freilich nicht die einzige Maschine mit einer Kurbelwelle. Timothy Hackworth machte neue Entwürfe für eine leichte Maschine, die
»Globe«, bei denen er ebenfalls eine Kurbelwelle vorsah. Schon wieder eine Kontroverse? Sie schien unvermeidlich, obwohl sie erst 20 Jahre später
nach den Ereignissen ausbrach. Lieh sich Stephenson Hackworths Ideen
aus? Die Antwort lautet mit größter Wahrscheinlichkeit nein. Die Kurbelwelle war jedermann sichtbar gewesen, als »Novelty« in Rainhill auftauchte, und sie erschien vielen Ingenieuren als eine gute Idee. Es wurde noch eine andere Maschine nach dem gleichen Prinzip gebaut, nämlich die »Liverpool« von Edward Bury. Stephenson war ganz gewiß nicht der erste, der diese Idee hatte - er behauptet es aber auch nicht. Im Gegenteil, er war ziemlich vorsichtig bei Neuerungen und zog es vor, einen Schritt nach dem anderen zu machen, als in einem Satz eine ganze Reihe von Schritten zu über-
springen. Er übernahm die neue Konstruktionsweise erst, als er überzeugt
war, daß er alle Möglichkeiten des »Rocket«-Prinzips ausgeschöpft hatte.

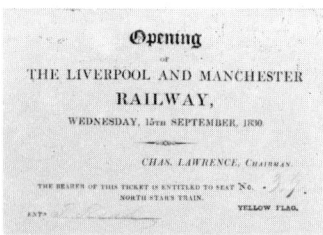

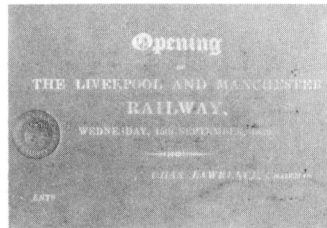

Fahrkarten für den Eröffnungstag. Sitzplätze auf den Zügen gab es nur für einige Begünstigte.

[1]Am 16. August 1819 versammelten sich 60 000 Bürger Manchesters auf dem St. Peters Field, um für eine Parlamentsreform zu demonstrieren. Regierungstruppen schritten ein und sprengten die Versammlung. Dabei töteten sie die Redner und etwa 600 Teilnehmer.

Kein Zweifel aber, daß ihn die Existenz von anderen Konstruktionen zu etwas schnellerer Gangart veranlaßte. »Planet« war eine äußerst leistungsfähige Maschine. Es wurde noch an ihr gearbeitet, als der Bau der Eisenbahnlinie schon beendet war. »Planet« war somit erst einen Monat nach der Eröffnung der Liverpool Manchester Strecke fertig, aber immerhin lediglich zwölf Monate nach Rainhill.

Die festliche Eröffnung der neuen Bahnstrecke sollte Mittwoch, den 15. September 1830, erfolgen. Die Eröffnung der Stockton-Darlington hatte Anlaß für Szenen wilder Begeisterung gegeben, doch war sie von rein lokalem Interesse gewesen. Das war jetzt anders. Der wichtigste Gast würde der Herzog von Wellington sein, der Held von Waterloo, oder, wie ihn die Leute aus dem Norden lieber nannten, der Schurke von Peterloo. Das Massaker,[1] das sich dort ereignet hatte, war niemals vergeben und vergessen worden, und der Nordwesten setzte sich noch ebenso eifrig für eine Parlamentsreform ein wie früher. Reaktionäre Tories waren in dieser Gegend nicht übermäßig beliebt, und wenige gab es, die reaktionärer waren als der Herzog. Seine Ansichten waren sogar einigen Mitgliedern seiner eigenen Partei zu radikal, unter anderem dem Parlamentsabgeordneten des Distrikts, William Huskisson, der in aller Öffentlichkeit eine Auseinandersetzung mit ihm gehabt hatte. Die Ansichten des Herzogs über das gemeine Volk deckten sich völlig mit seinem Urteil über die neuen Eisenbahnen, die er in jeder Hinsicht als ein Unglück ansah. »Sie ermutigen die niedrigen Klassen, herumzureisen«, war sein Verdikt. Alles in allem war er nicht unbedingt der geeignetste Ehrengast und die Veranstalter machten sich ernste Sorgen um die Sicherheitsvorkehrungen. Der Herzog selbst hatte offensichtlich keine Bedenken. Er war überzeugt, daß die Erinnerung an Waterloo mehr als genügen würde, ihm einen herzlichen Empfang zu sichern.

Man war sich einig darüber, daß, da der Anlaß selbst so außerordentlich war, da so viel prominente Personen teilnehmen würden, aus dem britischen Adel bis zu Prinz Esterhazy von Österreich und dem russischen Minister Graf Potacki, da die Begeisterung für die Eisenbahn solche Ausmaße angenommen hatte – daß aus allen diesen Gründen die politischen Gegensätze der allgemeinen Euphorie untergeordnet werden sollten. Es fehlte wahrlich nicht an Interesse der Bevölkerung, als die Arbeiter begannen, alles für den großen Tag vorzubereiten. Früh am Mittwoch Morgen konnte man sie schon eifrig bei der Arbeit sehen. Sie schafften Schutt von der Tunnelöffnung bei Liverpool weg und errichteten Abzäunungen auf dem Olive

PLATE XXVII.

To face page 154.

Souvenir-Hersteller machten Riesenumsatz mit Gedenkartikeln.

175

Mount, um allzu Begeisterte vor einem Sturz über den Felsrand zu bewahren. Die Stadt Liverpool steckte bis über die Ohren in Vorbereitungen. Die Lokalzeitung *Der Albion* beschrieb die Ereignisse mit verständlichem Stolz: »Montag und Dienstag war die Stadt mit Fremden überfüllt, die von den äußersten Enden des Vereinigten Königreiches gekommen waren, um Zeugen oder Teilnehmer an der feierlichen Eröffnung eines Unternehmens zu werden, das wegen seiner Größe, seiner Neuheit und seiner Bedeutung die Aufmerksamkeit, wir können es ohne Übertreibung sagen, der ganzen zivilisierten Welt auf sich gezogen hat. Während einiger Tage waren die Straßen gedrängt voll von Kutschen mit Adeligen und vornehmen Herrschaften aus dem Innern des Landes, die Schiffe überladen mit Besuchern aus Schottland und Irland. Die Pferde auf den Straßen arbeiteten sich fast zu Tode; und so groß war der Mangel an Zugtieren, daß der Herzog von Wellington, als Dienstag Nachmittag seine Kutsche in Warington ankam, gerade noch zwei armselige Schindmähren auftreiben konnte, die ihn weiter nach Childwell beförderten, zum Schloß des Marquis von Salisbury, wo er zum Glück noch rechtzeitig eintraf, um mit dem edlen Lord zu speisen.

Alle Hotels, Gasthöfe und Gaststätten in der Stadt und ihrer Nachbarschaft waren bis zur Grenze des Erträglichen überfüllt. Auch viele Privathäuser hatten Fremde aufgenommen. So war am Mittwoch Morgen in Liverpool ein derartiger Auflauf von Fremden zu sehen, wie er in der Geschichte dieser Stadt sich noch niemals ereignet hatte.« Mittwoch Morgen strömten die Leute schon im Morgengrauen zusammen. Jeder Aussichtspunkt wurde besetzt – die beste Aussicht hatte wahrscheinlich der Müller ergattert, der sich auf die Spitze eines der Flügel einer Windmühle setzte. Was auch immer die Meinung der Leute aus Manchester war – die Liverpooler bereiteten dem Herzog von Wellington einen warmen Empfang. Er rollte in der Kutsche des Marquis von Salisbury genau um zehn Uhr heran, während eine Kapelle »Seht, der Held und Sieger kommt« spielte, und bahnte sich seinen Weg zu dem Sonderwagen, den die Eisenbahngesellschaft für ihn reserviert hatte. Dieser Wagen war von einer außergewöhnlichen Beschaffenheit.

»Der herzogliche Wagen war ein kostbares und prachtvolles Gefährt. Der Boden maß zehn Meter in der Länge und drei in der Breite; er wurde von acht Rädern getragen, die zum Teil unter einer großen Zierleiste verschwanden. Diese war mit karmesinrotem Tuch bespannt, auf dem goldene Muster und Lorbeergirlanden angebracht waren. Zwei zierliche vergoldete Balu-

176

Prachtwägen für die Eröffnungsfeierlichkeiten.

straden bogen sich an beiden Enden des Fahrzeugs. Sie waren jeweils an einer der Säulen befestigt, die das Dach trugen. Spiralige Schnörkelgitter aus Holz schlossen sich an, die bis zu der Tür in der Mitte des Wagens reichten. Vor der Tür befand sich ebenfalls eine kleine Balustrade, ähnlich denen an den Wagenenden. Ein edler Baldachin aus rotem Stoff, acht Meter lang, hing über acht geschnitzte Goldpfeiler herab, mit goldenen Ornamenten und Quasten geschmückt. Das Tuch kräuselte sich um zwei Flächen, die mit den herzoglichen Kronen bestickt waren. Man konnte diesen Baldachin mit Hilfe einer Winde im unteren Teil des Wagens senken und heben. Das ganze war so eingerichtet, daß die Kronen, wenn der Baldachin nach unten hing, an der Decke verborgen waren. Alles wirkte prachtvoll und imposant, im griechischen Stil komponiert.«

Alles stand bereit für die Prozession der Lokomotiven; sieben waren es, alle vom »Rocket« Typus, die auffahren sollten. Sie wurden von einer Gruppe von Ingenieuren bedient, den größten Pionieren der Eisenbahn, so daß man hätte denken können, ein Appell für die Genies der Technik hätte stattgefunden. Unter ihnen befanden sich die beiden Stephensons, Vater und Sohn, zusammen mit Georges Bruder, ferner Thomas Gooch und Joseph Locke. Es gab einen reibungslosen Start. Die Menge säumte die Strekke, in Hochrufe ausbrechend und klatschend, als die Prozession vorbeizog, den tiefen Einschnitt beim Olive Mount durchquerte und dann ins offene Land hinausfuhr. In Parkside, wohin man fahrplanmäßig gelangte, war eine Tribüne von seiten der Wigan Branch Eisenbahn-Gesellschaft errichtet worden. Hier hielt die herzogliche Kalesche an, um die Lokomotiven auf

dem anderen Gleis vorbeifahren zu sehen. Einige der vornehmen Gäste
sprangen vom Wagen und schlenderten herum, als wenn sie sich auf einem
heiteren Morgenspaziergang auf irgendeiner Allee befänden. Bei dieser Gelegenheit beschloß der Herzog von Wellington, seinen Frieden mit dem
Parlamentsabgeordneten des Distrikts, Herrn Huskisson, zu machen. Er
lehnte sich aus der Kutsche und bot ihm die Hand. Huskisson schien ge-
neigt, einzuschlagen, und stand strahlend am Gleis, als plötzlich der Ruf
erscholl, daß eine Lokomotive unterwegs sei. Es war »Rocket«. Rufe ertön-
ten: »Einsteigen, einsteigen!« Die meisten kletterten in die Kutsche des
Herzogs oder entfernten sich sorglich von den Schienen. Huskisson hingegen schien völlig kopflos geworden zu ein. Er war erst vor kurzem von einer

178

Krankheit genesen. Jetzt taumelte er eine Weile auf den Schienen nach vorne und wieder zurück. Dann versuchte er, sich in Sicherheit zu bringen, indem er zur Tür des herzoglichen Wagens hinaufkletterte. »Rocket« brauste heran, ihr Führer erkannte die Lage erst, als die Maschine schon auf Höhe des auf dem anderen Gleis wartenden Zuges war. Die Maschine erfaßte die offene Wagentür, und Huskisson wurde auf die Schienen geschleudert. Die Maschine fuhr über seinen Schenkel und trennte ihm das Bein ab. Ein Mann aus Birmingham, Joseph Parkes, hob den Unglückseligen behutsam vom Gleis. »Das ist der Tod«, flüsterte Huskisson.

»Ich hoffe nicht«, sagte Parkes.

»Doch, es ist so.«

Diese Worte sollten sich schnell bewahrheiten. Inmitten der Verwirrung

Parkside, ein Haltepunkt auf der ersten Fahrt. Für William Huskisson Endstation seines Lebens.

179

William Huskisson, das erste Opfer der Eisenbahn, wurde von »Rocket« überfahren.

traf Stephenson eilig Anstalten, den Verletzten ins Krankenhaus zu bringen. »Northumbrian« wurde von ihrem Zug abgekoppelt, man hing den flachen Wagen, der die Musikanten beherbergt hatte, an und legte Huskisson sorgsam darauf. Stephenson selbst sprang auf die Maschine und brauste ab nach Eccles, der nächsten Station, wo medizinische Hilfe zur Verfügung stand. Wäre der Anlaß nicht so tragisch gewesen, so wäre diese Fahrt ein Triumph für die neue Maschine geworden. Stephenson holte alles aus ihr heraus. Er bewältigte, bei weit offenem Regulator, die Strecke mit einer Durchschnittsgeschwidigkeit von 60 Stundenkilometern. Leider reichte Schnelligkeit allein nicht aus, Huskisson zu retten, und der Abgeordnete, der ein so engagierter Verfechter der Lokomotiven gewesen war, starb.

In der Zwischenzeit standen die Veranstalter vor einem Problem. Sollten die Feierlichkeiten einfach abgeblasen werden oder sollte man das Beste aus dem Unglückstag machen und weiter nach Manchester fahren? Die Direktoren plädierten alle für eine Fortsetzung. Sie fürchteten einen Aufruhr und beträchtlichen Schaden. Der Herzog war zunächst dagegen, aber das Argument, daß es keinen anderen Weg gebe, den Frieden zu bewahren, überzeugte ihn. »Phönix« und »North Star« wurden aneinander gekoppelt, ein langer Zug wurde gebildet und bewegte sich langsam voran. Der Triumphzug war zu einem Leichenbegängnis geworden. Und dabei war die Kette der Unglücksfalle noch nicht zu Ende. Der Reporter von *Albion* beschrieb die Ereignisse, als man sich Manchester näherte:

»Die Prozession bewegte sich vorwärts, an ungezählten Tausenden von Menschen vorbei, vorbei an den Häusern, Buden, Hügeln, Brücken usw. Unsere Leser müssen sich solch eine Fahrt durch ein 11 Kilometer langes Spalier lebendiger Wesen selbst vorstellen, uns versagt die Feder. Auf einer Brücke war eine Trikolore aufgezogen. Auf einer anderen war ein Transparent zu sehen: ›Wir verlangen Wahlen mit Stimmzetteln‹. Bei Eccles hatte ein armselig und in Lumpen gekleideter Mann seinen Webstuhl ganz nahe am Gleis aufgestellt und webte demonstrativ. Gelegentlich hörte man Rufe: ›Keine Korngesetze‹, und auf ungefähr vier Kilometern wurde der Jubel der Menge von dauerndem Zischen und Buhrufen unterbrochen.«

Der Empfang in Manchester war, um es milde auszudrücken, weit davon entfernt, freundlich zu sein. Man hörte überall Rufe »Denkt an Peterloo!« An der Endstation sollte ein großes Bankett stattfinden, aber niemand war daran interessiert und der Herzog weigerte sich, seinen Wagen zu verlassen. Er saß drinnen in völligem Schweigen, während die Buhs und schrillen

180

Schreie der Menge deutlich an sein Ohr drangen. Nach dem Durcheinander, das der Unfall angerichtet hatte, und der ungeregelten Zusammenstellung des neuen Zuges mußte man sich jetzt damit abfinden, daß die einzelnen Maschinen und ihre Wägen auf der Rückfahrt nicht mehr in wohlabgestimmte Ordnung zu bringen waren. Man improvisierte hastig, bis die Prozession schließlich ihren Rückweg antreten konnte. Es war dunkel geworden. Drei Lokomotiven waren aneinandergekoppelt, um den langen, träge dahinschleichenden Zug anzuführen. »Comet« lief an der Spitze, ihr Führer hielt eine Fackel aus in Wachs getränktem Hanfseil, um den Weg zu erhellen. Eine traurige, düstere Prozession kehrte nach Liverpool zurück. Die Feiern, die Reden waren vergessen. Der Tag des Triumphes ging in Melancholie unter.

Die Geschichte vom Bau der Liverpool Manchester Strecke und vom Kampf um die Lokomotiven ist eines der großen Epen des Eisenbahnzeitalters. Es ist eine Geschichte voll dramatischer Spannung, einer Spannung bis zum bitteren Ende, dem Tod Huskissons. Der Tag, der ein Freudentag für

Manchester, wo die erste öffentliche Fahrt unter Buhs und Pfiffen für den Herzog von Wellington endete.

181

die Stephensons hätte werden sollen, wurde ein Trauertag, doch schmälert dies ihren Triumph nicht. Die blitzschnelle Hilfsaktion, die »Northumbrian« vollführte, stellte die Möglichkeiten der Eisenbahn vor den Augen der ganzen Welt unter Beweis. Wie tragisch auch die Umstände gewesen sein mochten – diese Aktion wirkte als die überzeugendste Demonstration der Kraft und Schnelligkeit der Dampflokomotive. Niemand konnte künftig die Unentbehrlichkeit der neuen Maschinen auf den Eisenbahnstrecken bestreiten. Jahrelange Entwicklungen hatten manche Änderung gebracht. Die Dampfmaschine war verbessert und verwandelt worden. Die Lasten wurden größer, die Geschwindigkeiten wuchsen. Dampf wurde später durch Dieselkraftstoff ersetzt, Diesel wurde durch die Elektrifizierung abgelöst. Aber alle diese Entwicklungen konnten sich erst vollziehen, nachdem die Eisenbahnstrecken und die Lokomotiven einen Test, öffentlich und vor aller Augen, bestanden hatten.

Dieser Test hatte in Rainhill stattgefunden. Rainhill markiert den Beginn des modernen Eisenbahnzeitalters. Der Triumph des Tages gehörte den Stephensons, doch in Wahrheit gehörte er nicht einem einzelnen Manne oder einer einzelnen Familie. Sie bauten auf den Grundlagen auf, die in der Vergangenheit gelegt worden waren, ebenso wie andere auf ihrem Werk aufbauen sollten. Der Erfolg von Rainhill war auch ein Erfolg für Trevithick, für Blenkinsop und Murray, für Hackworth und Ericsson. Alle hatten ihren Beitrag geleistet. Nach der Eröffnung der Strecke stürzte sich England in eine neue Periode der Entwicklung der Eisenbahnen. Es kamen Jahre, die bekannt wurden als die Jahre der Eisenbahnmanie, des Eisenbahnrausches, als unzählige neue Linien über das ganze Land gezogen wurden.

Und die Bewegung sprang auf andere Kontinente über. Wenn der Test von Rainhill schlecht ausgegangen wäre, hätte niemand sagen können, wie lang sich diese Entwicklung hinausgezögert hätte.

Die Dampflokomotive eröffnete ein neues Zeitalter des Verkehrs. Welche bessere Art hätte es geben können, dieses einzigartige Ereignis zu feiern, als Rekonstruktionen der drei Maschinen, die um den Preis kämpften, zu bauen, von denen jede nach der Ansicht der Zeitgenossen der Sieger hätte sein können? Das Zeitalter der Dampfmaschine ist freilich so gut wie vorbei, aber niemand, der ein bißchen romantisch veranlagt ist und eine Empfindung für die Vergangenheit hat, könnte sich dem Eindruck der drei herrlichen Maschinen in Rainhill entziehen, von denen jede die originelle Konzeption eines großen Ingenieurs repräsentiert. Eine ganze Reihe von

Trinksprüchen war für das mißlungene Bankett geplant gewesen, das die Eröffnungsfeier 1830 beenden sollte. Tatsächlich wurden nur traurige und wenig hoffnungsvolle Wünsche für die Gesundheit Herrn Huskissons ausgesprochen. Wenn aber alles gelaufen wäre wie beabsichtigt, dann hätte man angestoßen, nicht so sehr auf lebendige Menschen, sondern vor allem auf drei Maschinen, an denen die Hoffnungen einer Generation von Ingenieuren hingen: auf »Rocket«, »Novelty« und »Sans Pareil«.